青少年科普故事系列

趣味动物科学故事

周爱农 主编

西北工业大学出版社

图书在版编目(CIP)数据

趣味动物科学故事/周爱农主编．—西安：西北工业大学出版社，2013.3(2015.5 重印)
(青少年科普故事系列)
ISBN 978-7-5612-3644-4

Ⅰ.①趣… Ⅱ.①周… Ⅲ.①动物—青年读物 ②动物—少年读物 Ⅳ.①Q95－49

中国版本图书馆 CIP 数据核字(2013)第 062144 号

青少年科普故事系列·趣味动物科学故事　　周爱农　主编

出版发行：西北工业大学出版社
通信地址：西安市友谊西路 127 号　　邮编：710072
电　　话：(029)88493844　88491757
网　　址：www.nwpup.com
印　　刷：陕西宝石兰印务有限责任公司
开　　本：710mm×1 000mm　1/16
印　　张：10
字　　数：141 千字
版　　次：2013 年 10 月第 1 版　　2015 年 5 月第 2 次印刷
定　　价：20.00 元

前　言

一提到动物，我们立刻可以想到顽皮的猴子、可爱的大象、憨态可掬的熊猫、俏皮的卷毛狗、凶猛的狮子和老虎、令人毛骨悚然的蛇和鳄鱼以及各种美丽的飞鸟等。在动物“大家庭”中，大约有 150 万个种类。目前还在进行的统计工作表明，这个数字远没有达到实际存在的动物的种数。时至今日，每年都有动物新物种被发现。

从生物进化的历史看，各类动物都比人类出现得早，人类是动物进化的最高级阶段。从这个意义上说，没有动物就不可能有人类；离开了动物，人类就无法很好地生存。

在几百万年的漫长岁月里，人类勇敢地跟大自然搏击，与凶禽猛兽拼杀，增长了才干，获得了利用动物、改造动物甚至创造动物的智慧和方法。在以渔猎为主要生产方式的原始社会，人类就逐步认识了一些与人类关系密切的动物的生活习性及身体结构，继而尝试饲养驯化有益的动物，防治有害的动物。人类对动物的了解越来越多以后，发现有些动物的“产品”，如毛皮、羽毛等大有用途，可以成为美化生活的原料。此后，在长期的实践中，人们又发现很多疾病可利用各种各样的动物来治疗，如古人早就知道用蛭吸淤血，治疗肿毒疖疮等顽症。明代李时珍的《本草纲目》中记载的动物药有 461 种。在许多国家，动物资源是维持国计民生的支柱，如澳大利亚一向以“骑在羊背上的国家”而著称，号称“沙漠之舟”的骆驼，多少世纪来一直是帮助阿拉伯人赖以取得衣食的好伙伴。

就像我们人类离不开动物一样，大自然中各式各样的植物也对动物有着很大的依赖性。离开了动物，一些植物就不能很好地繁殖后代，它们的生存能力就会下降，就有灭亡的危险。据统计，约有84％的开花植物是通过昆虫来帮助它们授粉的。

动物给了人类许多许多，但我们了解动物吗？我们又对动物界做了些什么呢？曾几何时，吃腻了家禽圈畜的人们把目光盯上了野生动物，于是，天上飞的、地上跑的、水中游的，只要是野生的动物，都成了美味佳肴。如今，捕杀野生动物在全世界都是严重的问题。要知道，人类并不是地球的主宰，野生动物和人一样，都是生物链中的一环。保护野生动物，就是保护我们的生态环境，保护人类自己。

动物和人类一样，也有着丰富的感情世界和许许多多谜一样的传奇故事，翻开本书你就会步入一个奇妙的动物世界。本书包括动物界的重大发现、动物学家的故事以及动物学科猜想三大部分，既有知识性和科普性，又有系统性和独立性，尤其适合广大青少年读者阅读。通过书中的故事，你可以全方位地认识动物，增加有关动物的知识，了解地球上各种珍禽异兽的生生死死以及它们与人类共生息的生命特性，从而更加热爱动物，热爱生命，热爱自然。

编　者

2013年1月

目　　录

动物界的重大发现

动物学家的故事

动物学科猜想

动物界的重大发现

动物分类学的历史

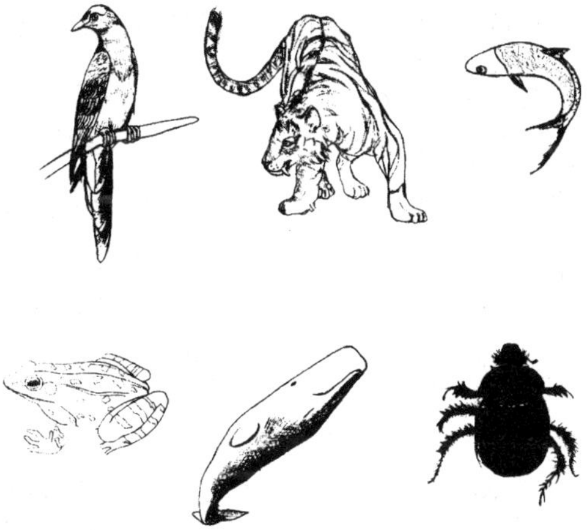

分类是生物学家为了更好地研究生物之间的彼此关系而建立的一个系统。类似的物种可归并成一属，类似的属可归并为一科，类似的科可归并为一目，类似的目可归并为一纲，类似的纲可归并为一门，类似的门最终归并为一界。这样，就形成了界、门、纲、目、科、属等单元组成的完整的分类系统。

生物分类有着悠久的历史，人类从认识物种起，就已经开始试图根据生物的特征为其取名，以示区分。最早，人们是按照对分原则将动物划分为互成对比的两类，如陆上动物和水居动物、有翅动物和无翅动物等，这种方法虽然原始，却为分类方法提供了有效的出发点。此后，亚里士多德以有没有红色的血液为标准，把动物分成了有血液动物和无血液动物两大类。根据生殖方式的不同，亚里士多德还把动物分布在由低等到高等动物组成的“生物阶梯”上，哺乳类处于阶梯顶端，往下是鸟类、爬行动物，再低等是青蛙、鱼，最低等的是虱子、跳蚤等。亚里士多德最早注意到要按生物的亲缘关系来建立分类系统，而且他的生物阶梯观点体现了生物进化论的萌芽，因此，亚里士多德常被人们称为系统分类学的先驱。

近代生物分类学是从16世纪中期兴起的，在此后持续的一个半世纪的发展之中，生物学家们不但积累了丰富的物种资料，而且还由于不同的宗教背景的影响，初步形成了两种截然不同的分类法：人为分类法与自然分类法。

持人为分类法观点的生物学家认为，生物的生殖器官是机体的灵魂，而这种生殖灵魂，对植物来说，则表现为果和根：靠果繁殖，靠根生长。因此，在植物分类中，人为分类法以果和根的形态特征作为分类的主要标准，初步建立起了近代的第一个生物分类的人为系统。此后过了70余年，意大利的一些生物学家把人为分类法广泛地运用到包括动物在内的所有生物物种的分类上，从而建立起自然分类法。自然分类法认为，动物呼吸器官的完善程度是生物呈等级序列的主要标准。于是，他们以生物呼吸器官的形态特征为主要依据，将所有生物按植物、昆虫、鱼类、高等动物、人这种等级序列进行了统一的分类。

18世纪初，植物有性繁殖的发现，使人为分类法在当时取得了明显的理论优势。所以，在当时人为分类法远比自然分类法更能为生物学家所接受，并最终产生了林奈的人为分类系统。

“上帝创造了世界，林奈对世界进行了整理分类”。这是当时人们对被称为“植物学之父”的瑞典博物学家林奈的赞誉。林奈创立的“双名法”规定每一个动物都应有一个学名，而这个学名由该动物所在属名和该动物的种本名组成。由于林奈最终完成的双名制命名法直接奠定了近代生物分类学的基础，因此他还被公认为是生物“分类学之父”。

在动物分类标志的确定上，林奈以动物的心脏、呼吸器官、生殖器官、感觉器官和皮肤特征等多种性状为分类的综合标志，将动物分为6

大纲：胎生的哺乳纲、卵生的鸟纲、用肺呼吸的两栖纲、用鳃呼吸的鱼纲、有触角的昆虫纲和有触手的蠕虫纲。

在分别确定植物和动物的分类标志之后，分类中所面临的另一重要问题，是如何确定分类的等级序列。林奈后来建立起了纲、目、属、种这样由4级分类概念所构成的等级序列。他把动物划分为6纲，纲下再分目，目下再分属，属下再分种。这样，林奈就建立起了一个由纲、目、属、种4级分类序列构成的人为分类系统。这种分类系统基本上呈现了现代分类系统的框架。

如今，动物分类学已经成为动物学的一个分支学科。它主要研究动物的种类、种类之间的亲缘关系、动物界起源和演化等。就像我们知道了国家、省、市、区和街道名，就可以很方便地找到收信人一样，知道了一种动物的门、纲、日、科、属，就可以确定它的分类地位，也就能知道它和其他种动物在进化上的关系。比如常见的马、牛、驴和猪四种动物，虽然都是哺乳动物，属哺乳纲，但马、驴同属奇蹄目、马科，而牛和猪属于偶蹄目，牛属于牛科，猪属于猪科。所以我们从中可以知道，在进化上，马和驴的亲缘关系要比牛和猪的亲缘关系更近一些。

学科展望

20世纪生物学进入分子生物学水平，科学家采用比较生物体内染色体及染色体上排列的基因顺序的异同，来进行生物分类，这样使生物分类更准确，更科学。这项工作目前仍在进行中，相信不久的将来，一种更先进的生物分类方法将被研究出来。

错综复杂的“寒武大爆发”

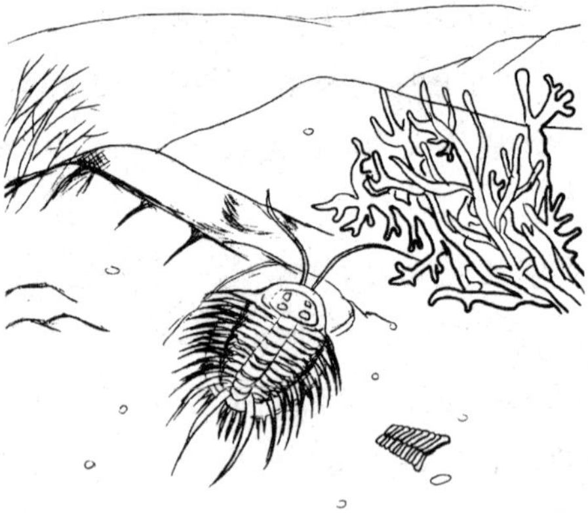

我们知道，地球已经有46亿年的历史，在地球诞生后的40亿年时间里，地球上的生命，包括植物和动物，几乎没留下任何实质性的痕迹。然而，在寒武纪时期，地球上却突然涌现出了各种各样的动物，这就是至今仍被国际学术界列为“十大科学难题”之一的“寒武大爆发”。

“寒武纪”是地质史上的一个年代，因英国的一座小山而得名，时间大约是5.4亿～5.1亿年前。过去，寒武纪通常被称为“三叶虫的时代”，因为在寒武纪地层中保存有大量的三叶虫化石，因此人们认为当时世界上的物种种类很少，还没有出现软躯体动物。

1909年8月，美国地质调查所所长维尔卡特带领全家到加拿大落基山脉的布尔吉斯山进行野外地质旅行。回程的路上，一块石头绊倒了他夫人的坐骑，维尔卡特捡起这块作怪的石头，奇迹出现了，一块保存有软体动物的化石呈现在维尔卡特面前。后来，经过大规模的发掘、采集，布尔吉斯动物群震惊了科学界。因为它使科学家第一次清楚地认识到，在寒武纪海洋中具有骨骼化的动物仅仅占少数，绝大多数是不易保存的软躯体动物门类。这一发现纠正了人们对寒武纪仅存有三叶虫等少数硬体动物的错误认识。

1947年，在澳大利亚南部的埃迪卡拉地区，人们发现了一些圆形的像水母样的印痕化石。在后来对埃迪卡拉地区重新进行深入细致的研究中，采集到几千块化石，有的是圆形的压印，同现代水母相似；有的是柄状的印痕，与现代的海鳃相似，也是一种腔肠动物；有的是像细长的蠕虫那样的印痕，由一个像马蹄形的头和约 40 个完全相同的体节组成，与现代的环节动物相似。尽管它们的形态、结构都很原始，但埃迪卡拉动物群的发现被认为是 20 世纪古生物学最重大的发现之一。这一发现使科学界摒弃了长期以来认为在寒武纪之前不可能出现后生动物化石的传统观念。所谓后生动物即是指相对于原生动物而言的各种多细胞动物。

寒武纪大爆发从开始到结束大约只经历了数百万年的时间，与地球上出现生命的历史比起来只是非常短暂的一瞬间。为什么在这“一瞬间”，突然出现了如此众多而丰富的生物呢？通过研究丰富的化石信息，科学家们为揭示“寒武纪大爆发”的谜团提出了种种假说。有的科学家认为，含氧量的增高可能是导致大爆发的重要因素之一。另有一些科学家认为，小型食草性动物的出现，才是大爆发的主要诱导因素。它们以别的细胞为食，有了掠食者，便有更多的生产者，以及更多的掠食者便演化出来。还有一些科学家认为这一现象是由于地球的臭氧层被破坏，大量宇宙射线直射，引起了基因突变而发生的。

寒武纪大爆发的原因到目前还没有一个清晰、证据确凿、令人信服的解释，科学家们也在继续致力于实地考察和研究，以求早日完全解开这一科学难题的谜底。

知识链接

1984 年，我国科学家在云南澄江县帽天山首先发现了距今约 5.7 亿年前的化石群，它是目前世界上最古老、保存最为完整的带壳后生动物群，其成员甚至还包括低等脊索动物。云南澄江动物群的发现，再次证实了“寒武纪生命大爆发”的存在。

三叶虫知识小介绍

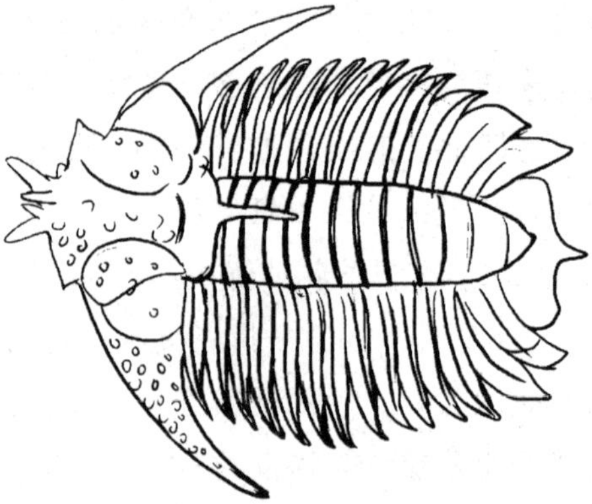

300多年前的明朝崇祯年间，有人在山东泰安大汶口发现了一种被埋在石头里的“怪物”，其外形容貌颇似蝙蝠展翅，于是他就将其命名为“蝙蝠石”。到了20世纪20年代，我国的古生物学家对“蝙蝠石”进行了科学研究，终于弄清楚这原来是一种名为三叶虫的化石。

在距今5亿多年以前的寒武纪时期，陆地上一片荒凉，没有动物，没有森林，甚至连一根草都没有，到处是光秃秃的岩石。虽然陆地上毫无生气，但海洋里已经生气勃勃了！海水里充满了海藻以及千千万万的动物，其中主要是无脊椎动物。因此，早期古生代被称为“海生无脊椎动物的时代”。这时，统治海洋的是一种样子像虾的原始节肢动物，它的身体分为头部、胸部和尾部三个部分。背面的甲壳坚硬，正中突起，两肋低平，形成纵列的三部分，按照其形状特点，后来人们给它起了一个恰如其分的名字——“三叶虫”。常见的三叶虫一般长度都在3～10厘米，宽度在1～3厘米，超过20厘米的就算大型的了。别看三叶虫体形不大，却是5亿年前所有动物中最发达的。在漫长的时间长河中，它们繁衍出了众多的类群并形成了庞大的数量，总计有1 500多个属，1万多个种。三叶虫的背壳成分为磷酸钙和碳酸钙，质地坚硬，容易被保存成为化石，所以迄今为止，世界上每年还有新的三叶虫物种被发现。

在寒武纪早期，三叶虫的种类就很丰富，因此古生物学家和生物学家都认为三叶虫的远祖早在寒武纪前就已存在，并在前寒武纪后期分化出了许多支系。

通过对三叶虫化石进行研究，专家们认为：寒武纪时期的三叶虫经常与海百合、珊瑚、腕足动物、头足动物等一起生活；从三叶虫的体形上判断，它适于爬行，是在海底生活的动物，它以原生动物、海绵、腔肠、腕足等动物的尸体，或海藻及其他细小的植物为食；三叶虫在进化的后期，海中出现了大量肉食动物，如鹦鹉螺、原始鱼类等，它们直接威胁了三叶虫的生存，三叶虫由此发展了卷曲能力，它们的头部和尾部可以完全紧接在一起，仅将背部的硬壳暴露在外。正因为三叶虫拥有顽强的生命力并占据了不同的生态空间，所以寒武纪的海洋成了三叶虫的世界。在此后的奥陶纪，古老的三叶虫种类灭绝了，新的种类兴起，成为第二个繁盛期。再往后，由于肉食性动物大量繁盛，在地球上生存了3亿多年的三叶虫急剧衰退，并最终灭绝了。

三叶虫演化的种类多，分布海域广，个体数量大，各属、目之间界线清楚并随年代依次出现，因此三叶虫成为了寒武纪时期全球性可对比的标准化石。我国是世界上产三叶虫最丰富的国家之一，研究时间早、程度深，仅寒武纪就划分出29个三叶虫生长带，为亚洲提供了标准地层剖面，并为世界性的生物地理区域划分提供了重要的依据。

知识链接

三叶虫灭绝前，有一种三叶虫进化成了水蝎。它长着强有力的螯，能捕捉别的水生动物。可水蝎后来也跟它们的祖先三叶虫一样灭绝了。如今地球上还生活着水蝎的后代，如蝎子、蜘蛛、虱子和马蹄蟹等。它们直到现在还极像它们的祖先，生活方式也几乎一样。

古代类人猿的后裔大揭密

我们知道，人是生物进化的结果，是由古猿进化而来的，但古猿是如何进化成人的呢？对于这个问题，历来争论很多。最终为这个难解之谜给出答案的是马克思主义的创始人之一、国际无产阶级运动的领袖恩格斯。

人类起源的种种传说是人类在科学发展水平还十分低下的历史条件下，探索自身起源的一种朴素认识。随着历史的发展，这种粗糙而又缺乏科学的解释，已日益不能为人们所满意。随着近代科学特别是解剖学的日益进步，人们开始质疑神创论的绝对权威，用科学的探索精神寻求人类起源的本源。在这个过程中，先后出现了瑞典植物学家林奈的“人猿同类”说、法国博物学家布丰的“人猿同源”说、法国博物学家拉马克的“由猿变人”说。1859 年，英国生物学家达尔文出版《物种起源》一书，阐明了生物从低级到高级、从简单到复杂的发展规律。1871 年，他又出版《人类的起源与性的选择》一书，列出许多证据说明人类是由已经灭绝的古猿演化而来的。

在达尔文生活的时代，人们还没有发现多少古猿的化石。达尔文是怎样得出人类起源于古猿的论点呢？这主要是由于他已经有了进化观点。他仔细地比较人类和现代类人猿的材料，根据材料相似或相异的程度，得出人类和类人猿共同起源于古猿的论点。达尔文以后，科学界已经发现了不少古猿化石，支持人和猿同祖的见解。但人们一直未能正确解释古猿是如何演变成人的。因而这个难题一直困扰着许多科学家。

1876 年，恩格斯写了《劳动在从猿到人转变过程中的作用》一文。文中提出：古代类人猿在身体器官具备了向人类转化的条件和在自然力的影响下，是劳动在这个进化成人的过程中起了重要的作用。这就是著名的“劳动创造人本身”理论。

按照恩格斯的理论，人类是这样产生的：在远古的热带森林里，曾经生活着一种古代类人猿。它们长期在树上过着攀缘的生活，它们的骨骼和各种器官同今天的人类已经比较接近。随着大自然的变化，原有的森林稀疏了，有许多古猿被迫下到地面上生活。由于他们的前后肢已经有一定的分工，他们不再像其他动物那样四足行走，而是在前肢的协助下，半直立行走。由于它们经常需要用后肢支撑躯体，用前肢去抓握天然的木棒和石块，来抵御猛兽的侵害，捕捉较小的动物，采集植物的果实，经过一代一代的进化，它们的后肢越来越适应在地面上行走，最后终于能够完全用后肢直立行走了。这时它们的上肢就从行走中完全解放出来，迈出了从猿到人的具有决定意义的一步。此后，它们的上肢就专门用来获取生活资料了。又经过一段漫长的时期，它们的骨骼、肌肉、韧带等更加进化，大脑和发音器官更加发达，手也变得越来越灵巧，终于制造出第一把石斧。生产工具的制造，标志着人类的诞生。

随着化石材料的不断发现，测定年代方法的不断改进，人们对人类起源的认识也不断深化。目前已经可以大致勾画出人类脱离古猿后的发展历史：猿人阶段—古人阶段—新人阶段。

猿人阶段开始于 200 万～300 万年前。这时猿人已会制作一些粗糙的石器，脑量在 600～700 毫升。猿人晚期已接近现代人类，打制的石器比前期复杂，石器有了初步的用途分工，如打猎的石器是打猎的，剥制兽皮的是专剥制兽皮的，并能使用火与长期保存火种。我国发现的元谋人、蓝田人、北京人以及坦桑尼亚的利基人，都是晚期猿人的代表。

猿人阶段一般认为在大约 30 万年前结束，此后进入古人阶段。古人阶段又称早期智人阶段。古人的脑容量进一步增大，已达到现代人的水平。脑结构也较猿人复杂。制作的石器较为规矩，但还不知磨制，能人工生火，有了埋葬的习俗，有了原始的“衣服”，体质也开始分化，有了明显的差异。我国发现的马坝人、长阳人、丁村人就是这一时期的代表。

古人阶段一般认为大约在5万年前结束，此后进入新人阶段。新人阶段又称晚期智人阶段。新人在体态上与现代人几乎没有什么区别。新人打制的石器已很精致，形状多样，石器分工已较明确，并出现了骨器与角器，大约在1万年前，甚至有了磨制石器。新人还会制作装饰品，进行绘画、雕刻等艺术活动，开始了对美的追求。法国鲁克马努人，我国柳江人、山顶洞人是这一时期的代表。以后，人类便进入了现代人的发展阶段。

“中华曙猿”告诉我们的秘密

根据生物进化史的理论，人类是从古猿进化而来的，那么，古猿的祖先又是什么样的呢？这个问题一直是人类渴求解开自身生命秘密的难题，吸引着一代代古生物学家们孜孜不倦地探索。20世纪60年代初，研究人员在埃及首都开罗附近的法尤姆地区发现了一批距今3 500万年的高等灵长类化石，从而形成了人猿起源于非洲的假说。但30年后在我国发现的“中华曙猿”却大大动摇了“人类起源地最有可能在非洲”的观点。

中华曙猿生活于距今4 500万年前的中始新世中期，比法尤姆的高等灵长类动物早了将近1 000万年，是已知的高级灵长类动物中最早的一种。中华曙猿的化石是20世纪80年代在江苏溧阳上黄镇一个名叫水母山的山中发现的。经过发掘，考古研究人员在这里发现了上万块距今大约4 500万年的哺乳动物化石。经清理，这些化石是属于12个目、38科的63种哺乳动物。其中，一些小巧的牙齿特别引人注意，因为它们在某些方面很像灵长类，但却保留了许多非常原始甚至有些像食虫类动物的特征。这一发现引起了美国同行的注意，从1992年开始，中美两国组成了联合研究小组，对上黄及相关地区开展了进一步的野外考察，对富含灵长类的上黄动物群及相关动物群进行了深入的研究。随后的工作发现了至少4个种的高等灵长类，其中一种被命名为“中华曙猿”。

中美两国专家共同研究认定，中华曙猿是一种高等灵长类动物。之所以得出这样的结论是因为低等灵长类动物，像狐猴等善于跳跃而不用四肢攀爬，但曙猿四肢的骨骼表明它已习惯于用四肢在树枝间攀缘，而这正是高等灵长类动物的明显特征。

1994年，中国、美国、加拿大三国科学家联合提出了“人类起源在中国”的论断，得到世界不少知名科学家的认同。但是，不少学者在当时就指出，中华曙猿的出现只是孤证，而且中华曙猿相比较非洲的那些早期高等灵长类表现出了许多的原始特征。对此，这些学者认为高级灵长类不可能由中华曙猿进化而来，自然也就谈不上中华曙猿是人类的祖先。但是不久，中华曙猿作为迄今所知的最早高等灵长类的地位就被其最近的继承者——世纪曙猿——的发现进一步证明了。1996年，在山西垣曲小浪底工程热火朝天进行的时候，一支中美科考团在抢救性挖掘现场发现了世纪曙猿化石，世纪曙猿比中华曙猿略大，生活在距今大约4 000万年前的中始新世最晚期。在一系列性状上，它都显示出属于高等灵长类的特征，显示了与古老的始镜猴类的相似性，从而为高等灵长类始镜猴起源论提供了一定的证据，因此它被命名为世纪曙猿。

1999年，一个由法国科学家为主组成的研究小组在缅甸发现了中始新世晚期的新属种邦塘巴黑尼亚猿。邦塘巴黑尼亚猿年代与世纪曙猿年代相当，晚于中华曙猿。这三种化石记录及其年代显示，中华曙猿不仅确实是目前所知道的类人猿亚目的最早代表，而且在它出现后不久，曙猿科就可能发生了在东亚地区的散布，以及从东亚向东南亚地区的散布。

2000年，中美科学家在具有世界权威的英国《自然》杂志联合发表论文，认为曙猿化石在江苏溧阳和山西垣曲的相继发现，表明包括人类及其近亲——猿和猴子在内的高级灵长类——的起源，应确定在4 500万年前左右的东亚。至此，由中华曙猿的发现引发的对高等灵长类动物非洲起源论的挑战，似乎已经有了明确的结论。但最终由于缺乏化石来证明非洲猿是从中国迁移而来的，“人类起源在中国”学说只能与“人类起源在非洲”相对峙。

知识链接

历史上，古人类化石是判定人类起源地的重要证据。1856 年，德国发现了古人类化石，当时人们认为人类起源于欧洲。20 世纪 20 年代，有古生物学家认为人类发源于蒙古高原地区。20 世纪 50 年代末在坦桑尼亚发现“东非人”化石之后，人们开始相信人类起源于非洲。

向动物学习运动技能

人类起源于动物，奥运会中的很多体育项目也来源于动物。到目前为止，种类繁多的动物在漫长的进化和自然选择过程中，已形成了多种多样超过人类的运动能力。当人类以运动的方式，并借助运动器械、设备等强身健体、提高竞技运动水平的时候，学习和借鉴动物的种种“超能力”就是很自然的事了。

我们知道，现代竞技跑步中的起跑技术大致可分为站立式和蹲踞式两种，而短跑运动中最好的起跑技术是蹲踞式。那么，蹲踞式起跑是怎样产生的呢？这还要归功于袋鼠给人的启示。

1888年，澳大利亚短跑运动员舍里尔在苦于成绩停滞不前时，偶然从大袋鼠身上受到了启发。这种袋鼠看起来大腹便便，却有快跑如飞的本领。闲跑时一跳有1.2～1.9米，急跑时一跳可达12米，如果需要，它的跑速可以毫不费力地达到每小时70多千米，特别是它突然启动时的加速令人羡慕不已。舍里尔经过观察，发现袋鼠在跑跳之前，躯体总是向下弯曲，腹部几乎贴近地面，然后以弹射的速度启动。于是，他一反多年来站立式起跑的传统，采用了类似袋鼠的起跑动作，发明了在当时被认为是“短跑技术革命”的起跑技术——蹲踞式起跑，因而他在1896年的奥运会上创造了优异成绩。后来，许多运动员仿效。另一位运动员在起跑线上蹲下的地方挖了一个小小的浅坑，一只脚放进浅坑，起跑时脚一蹬，便箭一般冲射而出，取得了100米短跑不到10秒的成绩。以后，所有的赛跑运动员都采用了蹲踞式起跑，于是田径运动场上出现了助跑器这种产品。

现代短跑技术的两大要素——加大步幅和扒地动作——也是从动物的奔跑姿态中“引进”的。

骏马是陆地动物赛跑的佼佼者。在广阔无际的草原上，飞驰而去的骏马，身后会留下一阵烟尘。仔细看来，马蹄竟然能把泥土扒起来，可见其后蹬时的力量是很大的。在分析了它们腿部动作和地面上留下的痕迹之后，专家们发现，蹲蹬发力是它们获得高速度的奥秘之一，因此，径赛运动员后蹬时，脚掌趴地这一合理技术应运而生。

骏马等蹄行类动物在奔跑时，其蹄印是前深后浅，并且四肢在蹬地时与地面保持一定夹角。这样，骏马在奔跑时向前的水平分力就非常大。这种奔跑技术是疾驰动物能够获得高速度的秘诀之一。蹄行动物在奔跑时还有充分施展腕踝关节的扒地动作，这种扒地动作有其独到之处，是一种力的高效率传递。它能将强大的地面反作用力通过腕踝关节与地面的接触有效地传给肢体，以获得向前飞奔的高速度。

疾驰动物的这两个奔跑特点为改进短跑运动员的技术动作和提高运动成绩提供了理想的生物原型和技术模式。我们知道，前撑和后蹬技术的好坏，是整个短跑技术的关键。充分而放松的前撑动作是加大步幅、保证充分后蹬的前提；而强有力地充分后蹬又能增加向前的水平分力，这是提高速度的基础。如果运动员能够同疾驰动物那样，在奔跑中保持一个合理的后蹬角度，做出合理的“扒地”动作，使后蹬力通过腕踝关节充分地传递到身体，并尽量减少力的传递损耗，那么，运动员就能获得一个理想的强大的向前反作用力，从而使跑步速度大增。因此，在保持合理的步频与步幅的前提下，许多优秀运动员都以疾驰动物的奔跑特点为模式，认真地模仿动物的步态和蹬地扒地动作，使自己的身体与地面保持一定的倾斜度，合理地控制后蹬角度，加快动作频率，以此来提高短跑运动成绩。

人类从动物中学到了很多运动的技能，甚至有动物直接参与了人类的运动会。在奥运会比赛中，除了人之外，唯一的动物参加者就是马。

马术比赛的颁奖仪式上，要同时宣布两位获奖者的名字——骑手和马，骑手获得奖牌，马匹也要佩带花环和绶带，以表彰它为人类做出的贡献。这充分体现了人们对动物的喜爱，表达了人与动物和谐相处的理念。当我们观看运动比赛时，不要忘记这也有动物们的功劳。

知识链接

体育运动从本质上而言是模仿动物运动和狩猎行为的变化形式。例如，赛跑、跳跃、铁饼和标枪等田径运动源于追踪和投掷等狩猎活动，足球、篮球、曲棍球、羽毛球、棒球、冰球、马球、水球和乒乓球等球类运动源于瞄准和杀戮等狩猎行为。

从动物身上看天气

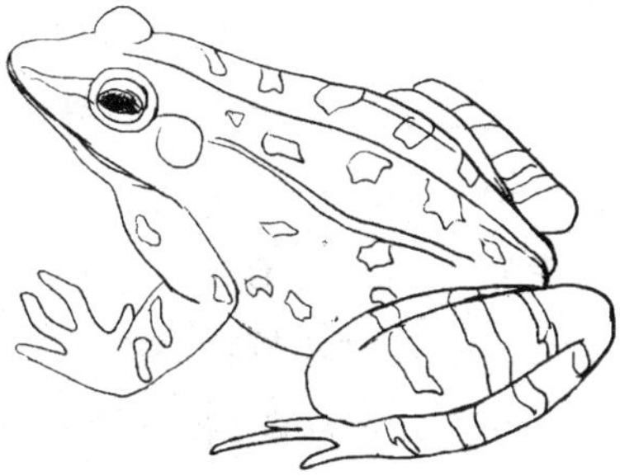

迄今为止，人类还不能十分精确地预报天气，大自然仍对人们隐藏着某些秘密。可是，在自然界中却有许多动物被视为“活气压计”“活湿度计”“活温度计”。这些动物中的“气象预报员”往往对大气的变化十分敏感，会表现出异常反应。这些反应均可作为预测天气的参考。

水母是一种低等的海产无脊椎浮游动物。在研究水母时，生物学家发现它是一个高度准确的“活气压计”。在暴风雨到来很早之前，它就急急忙忙地把身体隐藏到安全地带。科学家仔细地研究了水母的身体，发现它有一个可以感觉超声波的“耳朵”。在暴风雨发生前10～15小时，它的“耳朵”就能清晰地“听”到由水中传来的超声波。在水母的“耳朵”前端有根细细的棒状物，上面带一个圆球，充满液体，有一个小小的石子浮起，并同神经末梢接触。超声波首先被充有液体的圆球接收，然后由浮在水中的小石子传给神经，于是水母就接收到大风警报的信息了。科学家根据水母“耳朵”的工作原理，制成了自动预报大风警报的“电子耳”装置。

青蛙是我们最为熟悉的两栖类动物之一。在自然界中，青蛙素有“活晴雨表”之称，因为青蛙能够感知大气的微小变化。非洲的土著居民只要发现树蛙由水中爬到树上，便动手做防雨的准备，因为这预示着雨季要来到了。而当青蛙在水面“吧嗒吧嗒”地拍水时，也就是预报天要晴了。许多鸟类也都是出色的“气象预报员”。它们对气压的变化、阳光的强弱以及雷雨前大气中的积电现象非常敏感。这些气象的变化，往往会直接影响到鸟的歌唱、飞翔以及候鸟到达和出发的时间。

很多鸟类都是天气预报的“行家里手”。预报风向是乌鸦的拿手好戏。人们只要看一下它朝什么方向站着，就可知道吹的是什么风。它的头朝南，便是南风；头朝北，便是北风。因为它为了保护羽毛，总是让风顺着羽毛吹。预报阴雨也是乌鸦的强项，因为它对天气变化很敏感。一般在大雨来临前1～2天它就会一反常态，不时发出高亢的鸣啼。一旦叫声沙哑，便是大雨即将来临的信号。

大雁是预报寒潮的专家。当北方有冷空气时，大雁往往结队南飞，以躲过寒潮带来的风雨低温天气。“大雁南飞寒流急”，这可一点儿不假。秋夜，它还用更加独特的方式发布气象信息，即“一只雁叫天气晴，两只雁叫雨淋淋，三只四只群雁叫，当心大水过屋顶”。人们验证过，很灵验。啼叫的大雁越多，空气中湿度越大，也就预示着大雨将至。

麻雀堪称“晴雨鸟”。若晨曦初露，它们成群吱喳欢快鸣唱，那是告诉人们，今天天气晴好；若麻雀活动迟缓，叫声“吱——吱”长鸣，则预示晴转阴或阴转雨；若在连日阴雨的早晨，群雀叫声清脆，则预示天气很快转晴；夏秋季节，天气闷热，空气潮湿，它却飞到浅水处洗澡散热，这又预示一两天内有雨，故谚语有“雀噪天晴，洗澡有雨”。此外，若麻雀傍晚提前入窝归巢，并不时在窝边发出长而缓慢的鸣叫，似在“忧声长叹”，这也预示着当晚或次日天阴有雨。

除了以上几种鸟类之外，燕子、喜鹊、老鹰、天鹅、斑鸠、白头翁、黄鹂、百灵鸟等也都有预报天气的本领。

蜘蛛是一种其貌不扬的小昆虫，但历史上的军事家们可喜欢“看蛛网，测天气”呢！1794年秋，法国军队侵入荷兰。当时荷兰没有阻挡得了法军的兵马和大炮，只好打开运河闸门，放水淹没道路，阻挡法军的进攻。面对茫茫的大水，法军只得准备撤退。就在这时，法军司令官发现了蜘蛛异乎寻常地加倍拉丝结网。他立即命令停止撤退，原地待命。因为只有在晴朗严寒的天气里，蜘蛛才会有此举动。果然，不久气温骤然下降，荷兰人水淹道路的苦心，也随之“冻结”了，到底没有挡住法军的进攻。无独有偶，在第二次世界大战中也上演过一场蜘蛛预报天气的好戏。1940年夏，希特勒制定了“鹰计划”，试图利用大雾天气轰炸英国的大工厂——突出在雾海之上的高大烟囱——是德军轰炸的目标，而英国的飞机在雾天迎战必将不利。8 月 15 日，德军开始轰炸了，但正是这一天，英军从当地蜘蛛大量吐丝结网的现象中得知天气将变好、雾将散尽的信息，于是做好战斗准备，很快就将大部分德军轰炸机击落，希特勒的“鹰计划”彻底破产。除了蜘蛛之外，还有些昆虫能做出长期的天气预报。比如，在秋天时，蚂蚁把窝筑得越高，就预示着这年冬天会越冷。

根据观察，目前全世界共有 600 多种动物够得上“天气预报员”的称号。可以肯定，大自然中能预报天气的动物还有很多，让我们再仔细观察，多多发现这些能预报天气的动物吧！

知识链接

有关动物的气象谚语一般以歌谣的形式反映天气变化和一些自然现象的关系，是千百年来劳动人民智慧的结晶。它对于当时百姓的生产和生活都有着影响，这其中对农业的指导性尤为重要，即使在今天也在发挥着它的作用。

如何通过动物预测地震

地震是地球深处能量集中释放而引起的地壳强烈运动，因此，震前常出现某些异常自然现象，这叫作地震前兆。最为人们熟知的地震前兆莫过于动物的异常行为。

1976 年 7 月 28 日凌晨，唐山市万籁俱寂，突然，大地发出了可怕的怒吼，城市激烈地摇晃起来，震惊中外的大地震爆发了。一夜之间，一座城市就化为瓦砾，几十万人的生命瞬间消逝。就在地震发生的前 3 天的上午，有人发现成百只黄鼠狼从一堵旧城墙里倾巢出洞，大的黄鼠狼或者背着小的，或者叼着小的，向村里转移。就在当天晚上，又有 10 多只黄鼠狼围着一棵核桃树转来转去。到了第二天和第三天，这些黄鼠狼又连续不断地向村外跑去。在那几天里，黄鼠狼不停地号叫着，显得很不安静。到了地震的前一天，又有人在棉花地里发现有的大老鼠叼着小老鼠跑，有些小老鼠跟在大老鼠后面，依序咬着尾巴，排成一串转移。离唐山不远的昌黎县，有一家养了二三百只鸽子，在地震发生的前一两个小时，倾巢飞出。这种现象，在其他国家也有发生。1948 年，俄罗斯的阿什哈巴德发生地震的前两天，就有大批爬行动物出现了反常现象，可是没有引起人们的注意，以致造成灾难。1968 年 6 月，苏联亚美尼亚地震前一个小时，几千条蛇穿过公路，进行大规模的转移，甚至影响了汽车的通行。1978 年，中亚阿赖地区发生地震的时间正好是冬季，一些爬行动物如蛇、蜥蜴等早已进入了冬眠。可这些动物在一个月之前就从冬眠中醒来，爬出它们准备过冬的地方，冻死在雪地里。

陆地上的动物能发出预测灾害前兆的信息，海洋动物也同样具有奇妙的知天测地的本领。有人发现，鲶鱼能预知地震。鲶鱼在正常情况下每小时活动不过几次，可从震前5天到发生时止，自动记录器留下的记录表明，鲶鱼在最活跃时每小时的反常活动达100次左右。根据检测，在14次有感地震中，记录鲶鱼反常活动的有10次。而经地震预测部门研究与核实，鲶鱼对有感地震的反应，与地震仪所预测的结果，有9次是一致的。

大量的震例资料和观测结果表明，地震前动物的习性异常各不相同。一般来说，鱼类震前习性异常的行为特征主要表现为迁移、翻腾、跳跃、漂浮、翻肚、打旋、昏迷不动等。两栖类和爬行类动物主要表现为不合时令地出现呆滞等反常活动。鸟类主要表现为惊飞惊叫、不进窝不吃食、迁飞等。家畜及其他哺乳动物主要表现为惊恐不安、嘶叫奔跑、集群迁移等，少数表现为忧郁和呆滞等行为反应。

现在，科学家们也越来越相信，当地球开始发怒、展露出狂暴的一面时，一些动物确实能感受到危险的来临。科学家认为，动物机体实际上是一个复杂而敏感的环境变化的感知系统，如同一个“活”的地震前兆监测系统，可以把有关的地震前兆信号有效地提取和放大。如果人们能找出一种方法进入这个神秘的领域，或许我们也将能够预测天降之灾，拯救同胞的生命。

知识链接

地震前有预兆的动物种类有很多，调查数据显示，包括野生动物和家畜在内，有58种动物在震前的异常反应比较确实，比如，猫、狗、熊猫、鱼、蛇、老鼠、蚂蚁、蜜蜂等。穴居动物如老鼠、蛇等比地面上的动物感觉更灵敏，小动物比大牲畜感觉更灵敏。

动物毒素大百科

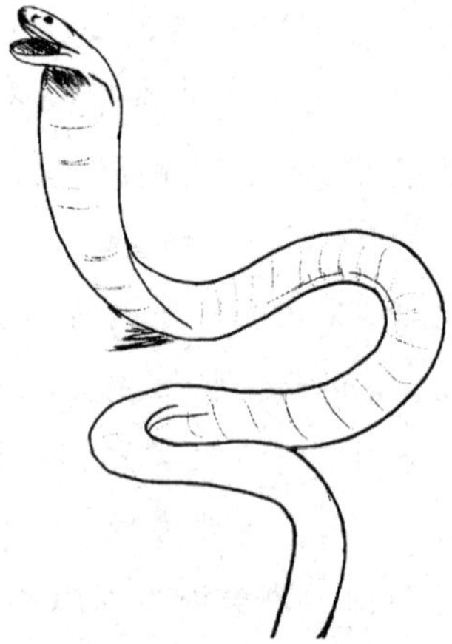

世界上有很多有毒的动物，一旦被它们咬到，就会损害健康，甚至威胁到生命，但如果使用得当，它们又能造福于人类。现在，已经有不少有毒动物为人类所用，从它们体内制取的动物毒素现已被广泛应用在临床的治疗上。

动物毒素绝大多数是蛋白质。大多是在有毒动物的毒腺中制造并以毒液的形式经毒牙或毒刺注入其他动物体内。纯的毒素根据生物效应，可分为神经毒素、细胞毒素、心脏毒素、出血毒素、溶血毒素、肌肉毒素和坏死毒素等。毒液里还含多种酶。

蛇毒是人类研究得较为深入的一种动物毒素。蛇毒是从毒蛇的毒腺分泌出的黏液。冻干后呈粉末状，在低温下能长期维持毒性。

蛇毒具有镇痛作用。这对于癌症患者的后期特别有意义。这种病人往往病痛难忍，不得不采用吗啡类的药物来镇痛。吗啡类的药物用多了之后就会上瘾，得不断注射。临床实验证明，眼镜蛇毒素的镇痛效果比吗啡要好，而且不会有成瘾的副作用。蝰蛇，又名“五步蛇”，它的毒比眼镜蛇厉害 20 倍。蝰蛇毒素具有抗凝血作用，可作为抗凝血剂。红嘴蝮蛇的毒素中，有血小板溶解因子，它的制剂可用来治疗血栓静脉炎引起的凝血块。用毒蝰蛇和沙蝰蛇的毒素，治疗风湿性关节痛和关节炎痛，可取得满意的效果。

在人们的感觉中，蜜蜂是一只只可爱的小精灵，但有时又让人有一点儿害怕，怕它亲近时一“吻”可能带来的痛。但据医书记载，历代名医扁鹊、张仲景、李时珍等都用蜜蜂治疗过很多疾病，这就是“蜂毒疗法”。

蜂毒是蜜蜂、大黄蜂和胡蜂等从尾刺分泌的毒液，其中含神经毒素、溶血毒素和酶。传统的蜂毒疗法主要是活蜂针刺法，即利用天然活蜂螯针刺人体穴位以注入蜂毒液而达到治病目的。现代蜂毒疗法则多采用先进技术，将蜂毒提取加工成不同的制品和剂型进行多种疾病的临床服务，已成为医药学研究开发的热点之一。

目前，蜂毒疗法治病的理论和临床实践在神经系统、心血管系统、血液系统、抗菌等许多领域都非常成熟。它的镇痛效果很明显，尤其对慢性疼痛作用最佳。蜂毒对心血管系统的影响也很显著，可降血压，抗心律失常，改善脑血流量以及心肌功能等。它还能改善冠状动脉供血，缓解心绞痛，对心肌力的增强也有良好作用。同时还能改善微循环，使毛细血管通透性增加。近年来，一些欧洲国家还用蜂毒治疗风湿和用力过猛引起的肌肉损伤。

我们知道，星际飞行的路程是非常漫长的。即使以宇宙飞船这样快的速度，也会花费很长很长的时间。宇航员在这么长的时间里，如果像正常人一样进食、睡眠，一方面会没有价值地消耗掉许多体能，另一方面食品、水也会增加装备的重量。

那么如何解决这个问题呢？最好是使宇航员处于一种休眠状态，既保存了人体的体能，又不会消耗食物和水。如果注射药物或服用安眠药的话，又会对人体产生副作用。这时候，小小的蜘蛛就发挥作用了。

英国的生物化学家们对亚马逊河岸上的一种蜘蛛进行了研究。他们发现这种蜘蛛的毒液，不会将猎物毒死，而是使它们长时间陷入昏迷状态。于是他们提取了这种蜘蛛的毒液，制成了一种安眠药。经检测，这种安眠药对人体不会产生任何副作用，而可以使人长时间安睡。而且，即使是在酷热的高温下，这种安眠药也能保存很长的时间。生物化学家们认为，如果让宇航员在星际飞行中使用这种安眠药，将会收到很理想的效果。

动物毒素之谜历经多年终于部分为人类所破解。当今，许多科学家还在努力研究各种生物毒素。相信随着科学的发展，它能更好地造福于人类。

知识链接

根据毒素的生物效应，动物毒素可分为神经毒素、细胞毒素、心脏毒素、出血毒素、溶血毒素、肌肉毒素和坏死毒素等。动物毒素除了对人有药用价值之外，还是农药开发的潜在资源。根据一些动物毒素的化学结构，科学家们已经合成出了类似物杀虫剂。

动物界奥妙之数学家所见

美国南部的花旗蜜橘个大、味甜、产量高，在世界上颇负盛名。1888 年，一种名叫吹棉蚧的柑橘害虫不慎从澳洲传入美国，使蜜桔遭到毁灭性的破坏，种植者叫苦连天。

美国生物学家科贝尔经过考察研究后发现，这种虫害在它的故国却没有出现过大爆发，其原因在于澳洲有一种吹棉蚧的天敌——澳洲瓢虫。于是，科贝尔想方设法把它们请到美国。澳洲瓢虫到了美国，果然不负众望，把吹棉蚧消灭得只剩下一小撮残渣余孽。橘农们个个转忧为喜，拍手称快。

事情本可以到此为止了，不料 1944 年瑞典科学家米勒发明了高效农药 DDT 后，橘农们想把吹棉蚧等害虫尽快地消灭干净，于是就买来了烈性杀虫剂，喷撒在橘林里。杀虫剂的效果很好，吹棉蚧绝大部分被毒死了，尸体密密麻麻地躺在橘林下，但澳洲瓢虫也未能幸免于难。橘林又在安静的环境里重新发芽，长叶。好景不长，当药劲一过，未被杀死的少数吹棉蚧又活跃了起来，而且数量的发展异常迅速，比上次还严重许多。大片的橘林毁在了吹棉蚧的口下。

伤心的橘农们四方求教，想找到控制吹棉蚧的灵方妙药。后来，一位数学家向橘农提出建议，让他们读一下意大利数学家伏特拉在20世纪20年代发表的一篇数学文章，答案就在这篇文章里。万般无奈的橘农们将信将疑，生物学家都不好解决的难题，数学家能有什么高明的解决办法？不过，橘农们还是找到了这篇文章。读过这篇文章后，橘农们恍然大悟。原来，他们的做法违背了一条原理：如果在一个由捕食者和食饵构成的生态系统中，无选择地同样按比例杀死两者，那么其结果将有利于食饵的增加。这就是有名的伏特拉原理。

伏特拉是位数学家，为什么会研究起了生物呢？事情还要从他的朋友、动物学家棣安考纳说起。20世纪20年代，棣安考纳在研究相互制约的各种鱼类总数变化时，无意中发现了第一次世界大战前后地中海各港口所捕获各种鱼类占总鱼量的百分比的资料。对资料进行分析后，棣安考纳感到惊异的是，在战争期间，鲨鱼、鳐鱼等凶猛的掠肉鱼的百分比急剧增加，如何解释这一现象呢？起初，棣安考纳认为掠肉鱼比例增加的原因是战争时期捕鱼量大大降低了，所以掠肉鱼得到了更多的食物，于是它们迅速地繁殖起来。但是这种解释还不能令人满意，因为出海次数减少对掠肉鱼的捕食对象——食用鱼——也应该有同样的影响，为何偏偏掠肉鱼增多了呢？为什么捕鱼量的降低对于掠肉鱼比食用鱼更有利？对于这种现象，棣安考纳试图从生物学的各个角度来解释，仍得不到满意的答案，只好去向好友伏特拉请教，希望沃特拉能够建立一个关于掠肉鱼和食用鱼生长情况的数学模型，并且希望这个数学模型能够回答他的问题。

伏特拉用一位数学家的眼光，全面分析了捕食者和食饵这两个生物种群在数量上相互生克的依存关系，列出了一个方程——伏特拉方程，精确地证实了这样一个道理：如果出海次数减少，即捕鱼量减少，掠肉鱼的种群数量会相应增大，食用鱼的种群数量就会相应变小；反之，如果出海次数增加，即捕鱼量增加，掠肉鱼的种群就会变小，食用鱼的种群就会变大。

虽然伏特拉原理是从掠肉鱼和食用鱼的相互关系这一具体问题出发而提出的，但它的数学公式具有普遍性，只要满足其前提条件，其他情形也都适用。美国的蜜橘虫害问题也不例外，高效农药DDT无选择地杀死了吹棉蚧和澳洲瓢虫，自然是有利于食饵——吹棉蚧——的增加。

知识链接

伏特拉原理告诉我们，对一种有天敌存在的害虫的防治，施用会同时毒杀两者的农药，虽可短时间杀灭害虫，但长期使用会使天敌数量减少，反过来使害虫种群增大。所以，人类不能盲目地祈求彻底消灭害虫，而只能设法控制它，减轻它的危害。

动物界的“算术天才”

在人类看来，动物们似乎都头脑比较简单。其实，有许多动物的头脑并非像人们想象的那样愚钝。科学家通过多年的研究发现，数学不仅仅是人类的专利，自然界中的一些动物也具有良好的数学天分。

科学家质疑动物数学能力的历史，可以追溯到 100 年前。那时候，欧洲观众都因为一匹名叫“聪明汉斯”的马而兴趣盎然，因为它居然能表演算术之类需要动脑筋的节目。其实，这匹马根本不会算术，它不过是从驯马师那里得到了暗示而已。现代也有一些动物会算术的例子被人们看作是特例或训练的结果。然而，近年来的一些科学研究却让人们真的见识了各色动物的数数能力。

美国哈佛大学的一位动物心理学家在试验时先给动物以错误的信息，然后观察它们做出的反应。他连续一个月给 100 只加勒比海野猴每天一次分发 2 只香蕉，此后突然减至分发 1 只香蕉。此时，96 只猴子对这只香蕉多看了 1～2 遍，还有少部分甚至以尖叫声表示不满。美国另一位动物行为研究者也做过类似的试验。他先让所饲养的 8 只黑猩猩每次各吃 10 只香蕉，如此连续多次。某天，他突然只给每只猩猩 8 只香蕉，结果所有的猩猩都不肯走开，直到主人补足后才满意地离去。由此可见，野猴和黑猩猩是有“数学头脑”的。

前不久，新西兰研究人员在一个野生保护区里，当着野生新西兰知更鸟的面，在倒下的原木上钻洞，并往这些洞里塞进数目不同的米虫。他们发现，知更鸟会先扑向虫子最多的那个洞口。研究人员耍花招，趁知更鸟不注意时，拿掉一些虫子，此后，这些鸟会花双倍的时间在洞里寻找“失踪”的虫子。这个实验证明，有些鸟类很可能天生就会分辨一些小的数字。

动物的计数能力还有差异。有人曾在风头麦鸡跟前放了 3 只小盘，其中一盘放 1 条小虫，一盘放 2 条，还有一盘放 3 条，结果它有时先吃 2 条那盘，有时先吃 3 条的一盘。这个实验证明：风头麦鸡知道 2 比 1 多，可惜它只能数到 2。这位心理学家还对一只鹦鹉进行数学训练，最终它能准确无误地用英语报出托盘上彩色木块的数目，只是木块数不能超过 6。美国哥伦比亚大学的心理学家对两只猴子进行过多次实验，发现猴子能在电视屏幕上按从小到大的顺序指出标有数目的图标来，并能够一直数到 9。科学家指出，猿猴在动物界里是最聪明的，约占 70％的成年猿经训练后，可从 1 数到 100，而且准确率超过 90％。

了解动物数学能力的生物学基础和人类也息息相关。在有些科学家看来，这对儿童教育学家是个启示：人们不用像通常一样，等到孩子四五岁后才教授数学，应该让他们尽早接触数字。

知识链接

有的科学家认为，动物的数数能力是与生俱来的，生存需要可能是这一能力进化的推动力。有了这种能力，动物就可以估测对手种群规模的差异；在寻找食物时，也可以比较获得食物与投入时间的比例，以确定待在这个地方是否明智。

恐龙从何而来

在距今两亿多年前的三叠纪时期，地球上生活着一群像鳄鱼模样的爬行动物，每只都长着尾巴和强有力的后肢，科学家称这些生物为槽齿动物。后来，有一群槽齿动物开始用它们强壮的后肢行走，在它们背后抬起长长的尾巴，以保持身体平衡。正是这些动物变成了最早的恐龙。

随着时间的进展，恐龙家族成员日益庞杂，它们之间的形态差别很大。这些恐龙被分成两大类：蜥臀类和鸟臀类。这是依它们的骨盆构造的不同进行的分类。蜥臀类的骨盆像蜥蜴的骨盆，鸟臀类的骨盆像鸟的骨盆。蜥臀类包括兽脚类和蜥脚类。兽脚类包括所有吃肉的恐龙，如霸王龙、跃龙、永川龙及许多小型的虚骨龙类；蜥脚类包括所有身躯庞大、脑袋很小、长颈长尾的恐龙，它们四足行走，全是吃植物的，著名的有雷龙、梁龙、马门溪龙等。鸟臀类全部是吃植物的恐龙，有四足行走的，也有两足行走的，可分为鸟脚类、剑龙类、甲龙类和角龙类四类。鸟臀类恐龙中著名的成员有禽龙、鸭嘴龙、沱江龙、华阳龙、甲龙、三角龙等。

尽管恐龙中也有不少是比较矮小的，但平均而言，它们比古今任何种类的陆生动物都要大得多。著名的霸王龙，从头到尾长达 15 米，站起来有 6 米高，差一点儿有两层普通楼房那么高了。其实在恐龙家族中，霸王龙只能算是中等身材。真正的庞然大物是蜥脚类恐龙，它们包括马门溪龙、雷龙、梁龙、腕龙等，一般体长 20～30 米，抬头达 5～6 层楼的高度也不足为奇。

为什么有些恐龙长那么大？对它们的生存到底有什么好处呢？有人认为，爬行动物与哺乳动物的生长方式不一样，哺乳动物快速长到成年阶段后，接着便衰老、死亡。它们的寿命比较短暂，个头一般都不大。但大型的爬行动物却具有无限的生长力，只要它们不死，一辈子都在慢慢长个子。大型的蜥脚类恐龙能活 200 多年，200 年不停地生长，个头自然会长得非常大。

又有人提出，中生代不仅许多恐龙躯体很大，海洋里的菊石（一种头足动物）也很大，有的大如车轮子；侏罗纪有一种蝗虫，体长可达 1 米以上；有一种翼龙，翼展开达 15 米，像一架飞机那样大。这是什么原因呢？有人推测，当时地球空气密度比较大；也有人推测，当时地心引力比较小；还有人说可能与宇宙因素有关。当然，这些原因都可使动物长得很大。

那么，体型大在生存上是否有好处呢？科学家也是各有各的认识。有的说在中生代这种特定环境中，体型大对生存竞争是有利的。例如，蜥脚类恐龙的庞大身躯对本身就是一种防御。吃植物的雷龙比吃肉的跃龙体重大 13 倍。面对这么大的捕猎对象，食肉龙如果单枪匹马地干，肯定会落得一个“偷鸡不着蚀把米”的下场，更何况，蜥脚类恐龙还具有一定的自卫能力。

据观察，一头凶猛的非洲狮只能捕捉比自己体重大 2～3 倍的斑马，并不是多大的动物都能对付。由此可见，体型大确实有一定的防御功能。庞大的身躯对占领生活环境、争夺食物称霸地球，不能说没有好处，要不，有些恐龙就不会竞相往大长了。特别是植食龙和肉食龙之间，前者为了自卫越长越大；后者为了捕食前者也不甘落后地增大自己的身躯。然而，大也有大的难处。有不少学者认为，体型大并无好处可言。体型大的动物肚皮大，吃得多，像蜥脚类恐龙，偌大的身体，而脑袋却很小，吃食问题不好解决。如果环境一有变化，首先被淘汰的就是巨大的动物。

恐龙为什么长那么大目前还没有一个令人信服的说法。然而恐龙在整个中生代取得了令人瞩目的成功，可在1.6亿年之后它们却又令人不解地悄然消失。有人认为，恐龙的灭亡与它庞大的身躯有着直接的关系。

知识链接

恐龙是一支庞大的家族，它的足迹遍及地球。但大多数恐龙是在美国、蒙古、中国、加拿大、英格兰和阿根廷发现的。目前发现的恐龙属有286个，种有336个。科学家估计，地球上曾有900～1 200属的恐龙生存过。已经发现的恐龙属数，大约为实际数量的1/3～1/4。

恐龙又是如何消失的

地球历史上的中生代曾经生息过种类繁多的爬行动物——恐龙。世界上已经发现的恐龙化石多达几百种。这样一个主宰地球1.6亿年之久的庞大动物类群在6 500万年前的白垩纪末期却突然覆灭，写下了生物史上令人费解的一章。

在6 500万年前的一天，绿色丛林沐浴在灼热的阳光下，到处是一片宁静。一些恐龙聚集在丛林旁，它们有的相互追逐，有的在安静地吞食着鲜嫩的树叶，有几条三角龙相互偎依在一起休息，两条鸭嘴龙在窝边走来走去，正在精心守候尚未出世的幼仔。不远处丛林的阴影里，躲藏着一条霸王龙，它那凶狠的目光正注视着眼前的一切，寻找机会扑向它感兴趣的目标。

忽然，一阵沉闷的雷声隆隆响起，打破了丛林的宁静。鸭嘴龙首先警惕地伸起脖子，声音越来越大，震撼着大地，带来了不祥。三角龙迅速地跳起来，然而，这一切都来得太迟了。大地在抖动，一块块巨大的像山一样的巨石从天而降，四周漫起了烟尘，一团团烟柱拔地而起。一瞬间，天地之间的界线没有了，到处都是黑暗，世界似乎走到了末日。几天之内，地球表面完全被烟尘覆盖，遮天蔽日，气温骤然下降，黑暗笼罩着大地。由于没有了阳光，植物枯萎了，大量的恐龙窒息而死，侥幸活下来的因没有食物吃也先后倒了下去，地球上处处是恐龙的尸体和骸骨。

这是科学家们告诉我们的关于恐龙灭绝的故事。当时，曾有许多小行星撞击地球，强烈的撞击不仅在地球表面留下了直径约200千米的大坑，撞击时产生的高温高压还使物质气化，从而造成地球表面持续弥漫着尘埃，导致动植物大批死亡和生物链的瓦解，恐龙就是在这场突然的灾难后灭亡的。可能有少数恐龙侥幸躲过了一时的灾难，但它们不会延续很长时间，因为它们赖以生存的环境受到了彻底破坏，而恢复则需要很长的时间，等待它们的就只有死亡。

小行星撞击地球说并不是编织的神话，地层中铱元素的富集是重要的科学依据。原来，地球上铱元素含量极少，只集中在深部地核内，少量赋存于地层中的铱是从哪里来的呢？科学家们通过深入的研究，认为这些铱应该来自宇宙尘埃。20世纪70年代末，在意大利白垩—第三纪交界的黏土层中发现了铱元素高度富集，正好与恐龙绝灭的时间相吻合。随后在世界许多地区都发现这一时期地层中的铱含量异常。于是，天外来客撞击地球使铱元素赋存在地层中的假说就有了证据。根据这一假说，地质学家开始在全球各地寻找铱异常的部位。越来越多的证据支持了这一假说，小行星撞击地球造成恐龙绝灭已成为可以接受的理论。来自天文观测的信息表明，目前太阳系已发现和命名的小行星有2 200多颗，它们“访问”地球的机会毋庸置疑。另据推算，小行星陨落到地球时，撞击时所释放的能量与几百颗原子弹、氢弹同时爆炸相当，可能会有数千亿吨土壤和尘埃被抛向空中，使地球至少在几个月甚至十几个月内完全处于一片浑暗和无序状态，看来恐龙灭绝当属“天意”了。

关于恐龙的绝灭原因，还有许多其他假说，最常见的说法有白垩纪末期的地壳运动、火山爆发引起了造山运动，因而影响了气候、植物的变化，进而威胁了恐龙的生活，导致其绝灭。有人认为是太阳黑子爆发，宇宙射线增加，将恐龙杀死了。有人认为是地球外物质，如彗星和地球的撞击使它们绝灭。有人认为恐龙得了传染病，所以很快死光。有人认为恐龙长得那么庞大是一种病态，自然要绝灭。还有人认为，恐龙绝灭必定与新兴起的哺乳动物有关。哺乳动物的恒温、胎生、神经系统发达等特征都是恐龙望尘莫及的。环境的变化使新兴哺乳动物的高级特征的作用得以发挥，所以显赫一世的恐龙不得不退出自然历史的舞台而让位给新兴的哺乳动物。

虽然科学家们提出了一个又一个的理论来试图解释恐龙灭绝的原因，但是至今没有一个让所有人都能够接受的定论。

知识链接

在过去的5亿年内，地球上发生过5次巨大的生命浩劫。其中第五次物种大灭绝距现在最近也最为人们所熟知，恐龙就是在这时灭绝的。经过这场大劫难，当时大约50%的生物属和几乎75%的生物种从地球上永远地消失了。这场大灭绝标志着中生代的结束，地球的地质历史从此进入了一个新的时代——新生代。

鸭嘴兽——一种古老的动物

恐龙生活在中生代，也就是2.5亿万年前到6 500万年前的这段时间。如果说中生代是恐龙时代，那么下一个时代——新生代——就是哺乳动物的时代。最早的哺乳动物属于单孔目，也就是通过产卵来进行繁殖的哺乳动物。现今的哺乳动物种类繁多，但只有3种单孔类哺乳动物仍然存在，其中最著名的就是鸭嘴兽。

鸭嘴兽是世界上少有的几种“活化石”动物之一，但它的发现历史并不长。1799年11月，几位英国动物学者在澳大利亚南部发现了一张兽皮，它长着一身海狸的毛、海狸的秃尾巴和鸭子一样的嘴巴。起初，几乎所有人都认为这是某位大骗子的“杰作”，是把鸭嘴缝在小兽皮上伪造出来的，自然界根本没有这种动物存在。过了几年，苏格兰的一名著名解剖学家对那张兽皮进行了细致的观察和研究，断定它不是什么骗子的把戏，而是地地道道的大自然遗物。后来，这种动物的活体不断被发现，该把它叫什么呢？在反复琢磨后，科学家们给它起了一个形象的名字——鸭嘴兽。

然而鸭嘴兽到底属于哪一类动物？是长着鸟嘴的兽，还是长着兽身的鸟，或是长着毛的爬行动物？在这个问题上，欧洲的动物界众说纷纭，莫衷一是。为什么给鸭嘴兽定名这么困难呢？是因为鸭嘴兽身上有许多稀奇古怪的地方。

从鸭嘴兽的外形来看，就很奇特。它的身体像兽类，全身被毛，毛是浓密的短毛，体形为流线型，身长约50厘米。它的嘴是颌部的延长，外形极似鸭子的嘴。别看它的嘴像鸭嘴，可比鸭嘴高级得多了。它的嘴里面是角质的，覆盖在角质上面的是一层柔软的、富有弹性的黑色皮肤，皮肤里还有一些特殊的结构，能感觉到动物肌肉里电场的移动。这使得鸭嘴兽的嘴能准确地把藏在水底淤泥里的小动物捕捉到。它的嘴的前缘还有脊纹，可以咬碎或咬紧食物，下颌两旁还有“过滤器”，把水挤压出去。

鸭嘴兽的巢筑得非常讲究，有几条地道相通，里面铺有树叶和干草。它的巢穴一般有两个洞口，一个通水路，一个通陆地，洞口伪装得很巧妙，通陆地的用乱草遮盖，通水溪的用乱石掩护。它白天在巢中睡觉，晚上结群下水觅食。鸭嘴兽的大部分时间在水中度过，连交配也在水中进行。每年夏秋季是它的繁殖期，每次产卵1～3枚。卵内的胚胎在体内已经发育了10多天，所以卵一经排出，母兽即开始孵。孵卵时它的身体蜷曲起来，把卵贴在胸前，伏在窝里不出来。大约10天，小兽便破壳而出。鸭嘴兽的卵壳是软的，上面含有一层胶质，而小兽在卵壳内长有一种特殊的牙齿，破壳时全靠这副卵牙，出壳后就自行脱落。代之而起的是十颗乳牙，可是乳牙还未长成，又一一脱落了。有趣的是母兽没有乳房和乳头，只是在胸前的乳区有乳汁顺毛流出。出壳后的小兽身体很小，没有毛，眼睛也睁不开，全靠舔食乳汁长大。4个月后，它们就能独立到洞外游泳觅食了。

鸭嘴兽的体温低，一般体温维持在26～35℃，而且体温随着外界环境的变化而变化，但是变化是有范围的，当环境在30～35℃持续不变时，它将失去调温能力而死亡。这一生理特点决定了鸭嘴兽生存范围极为狭窄。

由于鸭嘴兽有这么多奇特的特点，生物学家们经过约100年的争论，终于在19世纪80年代将鸭嘴兽定为哺乳动物纲，单孔目，鸭嘴兽科。全世界只有这一科一属一种。现在，鸭嘴兽是世界上极其珍贵的动物，是澳大利亚的国宝，像我国的熊猫一样，一般是禁止出口的。

知识链接

鸭嘴兽是由爬行动物向哺乳动物进化中的过渡类型。由于它所具有的原始性，使它在世界各地均被后来先进的哺乳动物绝灭了。只有澳洲大陆在鸭嘴兽刚出现后不久就独自南移，与其他板块相隔离，终止了动物的交流，动物的进化也停止了，才使鸭嘴兽保存到今天。

剑齿虎知识介绍

现代老虎是大型猫科动物发展的主支，而旁支则是已经灭绝了的剑齿虎。与剑齿虎比起来，现代老虎的祖先们在它“大哥”剑齿虎称王时只是个头很小的“小弟弟”，当时，剑齿虎才是真正的“兽中之王”。

剑齿虎身长大约 1.8 米，体形大约与现代虎差不多，但是它的上犬齿却比现代虎的犬齿大得多，甚至比雄野猪的獠牙还要大，如同两柄倒插的短剑一般。食肉类动物的犬齿作为捕食猎物的一种杀伤武器，正常的情况应该是上下犬齿平均发展，在攻击时能够上下相合，就可以咬死猎物。但是剑齿虎的上犬齿演化得如此巨大，而下犬齿又相对退化，根本不成比例，所以可能是专门用来对付象类等大型的厚皮食草类动物的。如此特殊而长大的犬齿，只需一对就可戮入猎物身体的深处，并且可以尽量地扩大伤口，造成猎物因大量出血而死亡。与此相适应，剑齿虎的头骨和头部的某些肌肉也相应地发生变化，以便口可以张得更大，使下颌与头骨能形成 90°以上的角度，这样才能充分有效地发挥这对剑齿的作用。但是，剑齿虎这种极端特化的发展，显然也有其不利的一面，即大大缩小了对环境和猎物的适应面，这也是它灭绝的一个原因。

剑齿虎生长的时代，正处于第四纪冰川时期，气候寒冷，大型食草动物靠长毛和厚皮来抵御严冬，它们行动迟缓、笨拙，容易被捕杀。但在2万年以前，冰期结束了，气候转暖，出现了植物生长旺季，随后食植物的动物也大量繁殖起来。可是那些耐寒冷的大型食草动物，不能适应气候的变化，只有向北迁移，可北极圈中并无充足的草原，便因饥饿纷纷死亡了。以捕食它们为生的剑齿虎失去了食源，再想回过头来捕杀小动物或马、鹿等大动物时，并不善于快速奔跑的剑齿虎逐渐无所用其长，竞争不过那些比较灵活的并且全面发展的一般食肉类动物，于是，它也只能随着大型厚皮动物的灭绝而灭绝了。代之而兴的就是后来出现的现代虎以及其他大型食肉类动物。

剑齿虎曾广泛分布在亚、欧、美洲大陆上，但化石数量出产最多的和骨架最完整的地方是在美国。美国洛杉矶有一个著名的汉柯克化石公园，这个公园所在地原本是海底，100多万年前随着海平面下降才成为陆地。在沉睡于海底的日子里，这块“土地”上沉积了大量的海洋生物遗骸，在压力作用下逐渐形成石油。成为陆地以后，来自四周山地的新沉积物不断挤压下面的油层，使石油缓慢而源源不断地自地下沿岩石裂缝渗出地表，较轻的组分挥发掉了，留下较黏重的组分，不断氧化成沥青。至少在4万年以前，这里就已经成了一个深不见底的沥青池。“沥青口”当然不像火山口那样气势磅礴，黑黝黝黏糊糊的沥青如同死水一般，表面看来非常平静。再加上沥青层总是被尘土、枝叶等遮蔽，还经常被水淹没成为湿地，吸引着周围的动物。在几个世纪前，当地的印第安人就利用这些沥青来烧火做饭，后来白人夺取了这块土地，在沥青湖上打井采油，挖沥青铺路，湖中埋藏的化石便被发现了。从1875年发现第一块化石起，100年来挖出2 100多只剑齿虎化石，此外还有大量其他脊椎动物的化石。有趣的是，这2 100多只剑齿虎若按年龄来分析，幼年的仅占16.6%，而青壮年的却占82.2%，这表明了它们是来这里捕食陷入沥青湖的猎物而遭到灭顶之灾的。

知识链接

在剑齿虎生活的时代，现代老虎的祖先们专门捕食小型哺乳动物，会游泳、爬树。在剑齿虎绝灭之前，现代老虎的祖先们也随着食草动物的大型化而大型化起来，但身体的敏捷与速度一直胜于猎物，只是身体重了，上树不便了。尽管没有半尺长的犬齿，但它们在捕食技巧上比剑齿虎高明得多，这也是现代老虎生存至今的原因所在。

解读黑猩猩的智慧

在灵长类动物中，黑猩猩被称作是人类的近亲，这是因为它除了在亲缘关系上与人类最为接近之外，还是动物界中仅次于人类的一种聪慧动物。

科学家专门设计了一个有趣的实验来测量黑猩猩的智慧究竟有多高：在一间空房子中，科学家在天花板上悬挂了一串香蕉，还在房间里放了几只空木箱。然后让一只饥饿的黑猩猩走进去，看它怎样取下那串香蕉。黑猩猩很快发现了香蕉，急于吃到可偏偏又够不着。它在空房中走来走去，仿佛在想办法。后来，它发现了屋角的空箱子，于是搬了一只放到香蕉下面，站在箱子上伸长双臂，还是够不到。然后，黑猩猩又搬来一只，叠在第一只箱子上面，但高度依然不够。最后，当黑猩猩把第三只空箱子也叠在上面时，终于拿到了这串它爱吃的香蕉。这个实验说明，黑猩猩有像人一样的智能，能够通过推理和判断克服遇到的困难。

日本科学家在实验中发现，一只 7 岁大的黑猩猩在一个记忆的测试游戏中胜过了人类。在这个实验中，科学家训练了 3 组黑猩猩母子，让它们识别并记忆电脑屏幕上闪过的数字的位置。结果发现，其中一只 7 岁黑猩猩做得最好。科学家随后让几个大学生和这只黑猩猩进行比赛，当数字在屏幕上出现的时间只有 1/5 秒时，这只黑猩猩成功地摆对了 80%的数字，而大学生的成功率平均只有 40%。至于黑猩猩对于数字位置的记忆能力能够持续多久，科学家表示还没有测试过。

那么，此次实验中黑猩猩记忆的优势从何而来？有人认为是更多的训练的缘故，因为这只黑猩猩 7 年来一直接受这个游戏的训练。但进行该项研究的科学家并不同意，因为他们训练了大学生 6 个月，但是他们的精确性并没有黑猩猩好。他们认为，很可能是人类和黑猩猩在五六百万年前脱离共同祖先时，人类为了进化形成能够处理语言和其他复杂符号的更强壮的大脑，可能减弱了接受快速智力符号的能力。科学家也表示，在某些特定任务中，黑猩猩能够胜过人类并不是令人惊讶的事。要发掘黑猩猩的智力，关键在于设计适当的测试。不过，科学家还表示，测试是要有一定限度的，比如，你就无法让黑猩猩进行微积分运算。

黑猩猩是否能理解其他生物的想法，是灵长动物行为学的一个重大问题。以往的研究发现，黑猩猩懂得把东西藏起来不让别的同类或人找到，却难以领会有关食物所藏地点的提示，而人类幼儿甚至狗都很容易理解这种提示。

德国科学家设计了一项实验，考察黑猩猩遇到帮助者和竞争者时，其理解能力有何不同。研究人员事先在一个地方藏好香蕉，然后给接受实验的黑猩猩一些线索，以帮助它们找到食物所藏的地方。而在另外一组实验中，研究人员让其他黑猩猩参与进来，与接受实验的黑猩猩一起竞争觅食。

研究人员通过对比发现，在面对竞争对手的时候，接受实验的 12 只黑猩猩中有一半容易找到藏食处，这里的“容易”是指找到食物的机会比偶然碰到更大。而借助合作者帮助时，只有 3 只黑猩猩比较容易发现藏食处。据此，科学家认为，黑猩猩在面临竞争时更聪明，这是适应野外生活的结果。因为在野外生活中，为了获取更多食物，使自己不挨饿，它们更多地向同类表现出竞争的态度，而不是“无私奉献”的精神。长此之后，它们的交际技能便更适应竞争环境了。

虽然黑猩猩非常聪明，然而研究人员却始终无法训练它们用人类的语言大声讲话，这是为什么呢？1996 年，美国科学家发现，黑猩猩被呵痒时也会笑，在笑的同时还呼吸，听上去就像链锯开动的声音。而人类在讲话或笑时呼吸是暂时停止的，这是因为人能够很好地控制与发声有关的各部分隔膜和肌肉。科学家认为，能否讲话的关键在于神经系统对气流的控制，人类能讲话就是突破了这方面的限制，而黑猩猩却无此能力，这就揭开了黑猩猩不能讲话之谜。

知识链接

黑猩猩在生理上、高级神经活动上、亲缘关系上与人类最为接近，其行为和社会行为也都近似于人类，因此是医学和心理学研究以及人类的宇宙飞行最理想的试验动物。但国际法律明文规定，不论任何理由、任何方式，人们都不能用猩猩科属的动物来做医学研究的各种试验。

袋鼠的历史

澳大利亚位于印度洋和太平洋之间，多少年来，澳洲大陆一直孤独地处于其他大陆之外，这块大陆上的动物几乎与外界没有任何的联系，这种情况致使澳大利亚的动物具有十分独特的形态。澳洲的动物中，除了鸭嘴兽之外，人们最熟知的应该是袋鼠了。

袋鼠是早期哺乳动物的代表，至少已在地球上生活了1亿年，现今只分布在澳大利亚。关于袋鼠英文名字的由来，有一个有趣的故事。1770年7月，著名的英国航海家库克船长率领船队来到了澳大利亚海岸。一天，他派几名船员上岸去给病员打鸽子，改善生活。船员们打猎回来以后，说看到一种动物，有猎犬那么大，颜色和老鼠一样，行动很快，转眼之间就不见了。两天以后，库克船长也亲眼看见了这种动物。又过了两周，参加库克考察队的一位名叫班克斯的植物学家带领四名船员，深入内地进行考察。在路上，班克斯也看到了这种像跳鼠一样，用两条后腿跳跃前进的动物。他们问当地的土著居民怎样称呼这种动物，土著人回答："堪加鲁。"于是，"堪加鲁"便成了袋鼠的英文名字并沿用至今。可是人们后来才弄明白，原来"堪加鲁"在当地土语中是"不知道"的意思。

袋鼠，顾名思义，身上有个袋。这袋叫育儿袋，位于腹前，由一根上耻骨或叫袋骨支撑着，用以哺育早产儿。以大袋鼠为例，它怀孕期仅33天，最长也不过40天。小仔产下时，身长不到2厘米，体重不到1克，后腿还被胎膜裹着，根本不像兽类，活像一条小蚯蚓。好在它母亲有个育儿袋，并在临产前已把袋内清理了，还用舌头从尾根到育儿袋之间的肚皮上舔湿一条窄通道，幼仔就沿着这条小路艰难地爬进袋里。然后好不容易找到乳头，于是叼住不放，乳头也随之迅速膨大，紧紧堵满幼仔的口，幼仔就这样悬挂在乳头上。幼仔不会吸吮奶水，主要靠乳房自动收缩，将奶液压射幼仔口中。小袋鼠就这样在母亲的育儿袋中生活约230天，才最后离开母体。

澳大利亚袋鼠的种类繁多，其中以大袋鼠和赤袋鼠最为知名。它们体高可达2米，前腿短，后腿长。休息时，前腿下垂胸前，后腿和粗大的尾巴着地，组成一牢固的“三脚凳”，坐在那里。它的强壮的后腿既是行动的工具，又是防御的武器。当遇到敌害时，后腿一蹬，可致敌人于死地，据说曾有人被它踢破脑袋。跳跃时，后腿一使劲，一步可跳6～7米远,顺坡时竟可达12米远，快速跳跑时，每小时可跑65千米，两三米高的障碍物，可轻松地一跃而过。它真可称得上是动物界中的弹跳冠军。

在我们的认识中，袋鼠是一种吃草的素食者。然而，古生物学家在对近年新出土的一种袋鼠化石进行研究时发现，大约2 000万年前，地球上曾经生存着一种凶猛的捕猎者——杀手袋鼠。它的外貌像人们熟悉的狼，不但有着尖利的牙齿，还有粗壮的前肢，能够迅速奔跑，和人们现在所熟悉的前肢短小、蹦跳着前进的袋鼠完全不同。袋鼠通常被认为是一种温顺可爱的动物。那么，2 000万年前的“杀手袋鼠”是否是现代袋鼠的祖先呢？如果是，袋鼠是如何从肉食者变成素食者的呢？如果不是，那么，“杀手袋鼠”又是如何灭绝的呢？目前研究还在进行当中，科学家希望通过这一研究，进一步揭示中新世，也就是500万到2 400万年前，气候变迁对地球物种所产生的影响。

知识链接

以袋鼠为代表的有袋类动物以没有真正的胎盘，出生时幼兽发育不全，需要在育儿袋内抚育后代为特征。现在的有袋目动物共有237种左右。2008年，澳大利亚研究人员首次绘制出了有袋类动物的基因图谱，发现其中大部分与人类基因组类似，两者在至少1亿5千万年前还有着相同的祖先。

云豹——最小的“大猫”

猫科动物分大型猫科动物和小型猫科动物。有意思的是，它们的大小之分并不在于体形，而在于瞳孔和是否发出吼叫声。体形最小的大型猫科动物是云豹，它从头部到臀部仅仅 90 多厘米长，体重一般也只有 20 多千克，比小型猫科动物中体型较大的成员还要小些。

云豹有较短而粗的四肢，几乎与身体一样长而且很粗的尾巴。头部略圆，突出的口鼻，爪子非常大。体色金黄色，并覆盖有大块的深色云状斑纹，因此称作云豹。别看云豹个头小，却拥有猫科动物中比例最长的犬齿。云豹的犬牙锋利而细长，犬齿舌面和唇面均有两道明显的血槽，与史前已灭绝的剑齿虎相似，所以云豹也有“小剑齿虎”之称。

云豹是以树为家的森林动物，是高超的爬树能手。在树之间跳跃对它们来说实在是小意思，要知道它们可是能以肚皮朝上，倒挂着在树枝间移动，也能以后腿钩着树枝在林间荡来荡去。它们的特殊本事得益于千百万年来的进化，它们的四肢粗短，使得重心降低；带有长长利爪的大爪子能帮助它们在树间跳跃时牢牢地抓住树枝；它们那条又长又粗的尾巴则是它们在攀爬时重要的平衡工具；它们的后腿脚关节非常柔韧，能极大增加脚的旋转幅度。所有这一切都使它们能很漂亮地完成那些高难度动作。

云豹既能上树猎食猴子和小鸟，又能下地捕捉鼠、野兔、小鹿等小哺乳动物，有时还偷吃鸡、鸭等家禽，因此，云豹在人们的印象中是

"害兽"。此外，由于人类贪图它们的美丽毛皮和豹骨，使得云豹数量锐减。如今人类对云豹的了解主要是通过那些被圈养的云豹完成的。可惜的是，这些稀有的"大猫"让试图使它们繁殖的专家们十分头疼，因为被关在一起的雄豹往往会杀死雌豹，即使它们能忍受在同一个笼子里生活，却拒绝交配繁殖。

为什么它们表现得如此奇怪，会杀死自己的伴侣呢？研究人员发现，在动物园里，这些喜欢爬树的云豹通常都被放在攻击性很强的动物旁边，比如叫声很大的老虎，而且它们被养在普通的笼子里，让这些害羞的云豹无处可藏。专家还发现，云豹喜欢爬树，一旦让它们爬树，它们的压力荷尔蒙就会降下来。这时，雌豹开始排卵，雄豹也开始产生正常的精子。通过研究人员的不断努力，现在，圈养云豹已经能成功繁衍后代了。云豹寿命大概有 11 年，圈养情况下约能活 17 年。

野生云豹主要生活在我国南部、泰国、马来西亚和印度尼西亚的苏门答腊和婆罗岛。目前统计数据表明，地球上野生的云豹数量少于 1 万只。随着森林的消失和偷猎者的捕猎，它们的处境非常危险。目前，我国有 4 种猫科动物被列为国家一级保护动物，其中之一便是云豹。

知识链接

猫科动物中的大型猫科动物指豹亚科，特点是瞳孔呈圆形地放大缩小，能吼叫。小型猫科动物指猫亚科，特点是瞳孔呈线形地放大缩小，不能吼叫。猫亚科中人们最熟悉的当属家猫。豹亚科包括豹属和新猫属，豹属中包括老虎、狮子、豹子等，新猫属仅包括云豹一种。

变化多端的避役

在动物王国里，生活着一位奇特的居民，为了迷惑敌人，保护自己，它时常改变体表的颜色，或绿或黄，或浓或淡，变幻莫测。它就是“变色龙”。

变色龙学名叫避役，“役”在我国文字中的意思是“需要出力的事”，而避役的意思就是说，可以不出力就能吃到食物。俗称变色龙就是因为它善于随环境的变化，随时改变自己身体的颜色。假如避役生活在枝叶繁茂的绿树丛中，那么避役的体表会变成绿色；假如避役栖息在枯黄的树干中间，那么它的体表就会变得暗黄，与粗糙的材皮颜色相差无几。

避役为什么能变色呢？这引起了人们的兴趣。科学家经过反复研究，终于发现了其中的奥妙。原来，在避役皮肤里面有着各种色素细胞，它们决定着体表的颜色。这些色素细胞服从神经中枢的指挥，按照神经中枢的命令改变着皮肤的颜色。每当避役改变生活环境，神经中枢会根据环境颜色向色素细胞发出命令，让它改变体表的颜色，与环境颜色协调一致。

避役的种类约有 160 种，主要分布在非洲地区，少数分布在亚洲和欧洲南部，非洲马达加斯加岛是它们的天堂。美国动物学家拉克斯沃斯是位避役研究专家，他曾发现过几个新种类的蜥蜴，还积极呼吁国际组织保护马达加斯加岛避役栖息地。通过对避役生活习性的深入研究，拉克斯沃斯发现，除了用变色来保护自己之外，避役变换体色的另一个功能是进行通信传达信息。它们经常在捍卫自己领地和拒绝求偶者时，表现出不同的体色。为了显示自己对领地的统治权，雄性避役对向侵犯领地的同类示威，体色也相应地呈现出明亮色；当遇到自己不中意的求偶者时，雌性避役会表示拒绝，随之体色会变得暗淡，且显现出闪动的红色斑点。此外，当避役意欲挑起争端、发动攻击时，体色会变得很暗。

变色龙的这些变色本领，对工业生产很有启示意义。现在，人们已经用某些特制的颜料做成变色漆，这种漆对温度的高低变化十分敏感，一旦温度变化，在不到一秒钟的时间内就会改变颜色。将这类变色漆涂刷在容易发热的机器设备上，就可以用颜色及时发出警报，提醒人们立即采取措施，以免因温度过高而损坏机器设备。

近年来，在变色龙的启示下，一种对光线很敏感的化学纤维已经研制成功。用这种纤维织成的布料在不同的环境下，能变换不同的颜色。部队战士穿了用这种衣料做的军装，隐蔽的时候就再也不需要伪装了；演员们穿上这样的服装表演节目，在不同颜色的灯光照射下，衣服会自动变换色彩。现在，科学家仍在研究变色龙表皮中的色素，以期发现更多能变色的有机色素。看来，这里面还奥妙无穷呢！

知识链接

避役除了具有变色的本领之外，它的眼睛结构也十分特殊。避役的左右两眼可以单独活动，当一只眼睛注视前方时，另一只眼睛可环顾后方，视力范围在水平方向达180°，垂直方向也有90°。另外，避役捕食时，它的舌头可以伸出几乎和身体等长的距离，而且伸舌速度极快，整个捕食过程仅需要0.04秒。

“四不像”——麋鹿

麋鹿是中国特有的珍稀大型鹿科动物，它有着非常奇特的外表：角像鹿又不是鹿，颈像驼又不是驼，蹄像牛又不是牛，尾像驴又不是驴。因此，民间俗称麋鹿为“四不像”，把它看作一种“怪兽”。

麋鹿起源于距今200多万年前，由于它善于游泳，再加上宽大的四蹄非常适合在泥泞的树林沼泽地带寻觅青草、树叶和水生植物，所以，麋鹿的栖息活动范围很大，在距今约1万年前到距今约3 000年时已经发展成了数量庞大的种群。由于古代先民的大量捕杀，以及人类的早期开发活动破坏了适应麋鹿生存的生态环境，野生麋鹿种群大量减少。从秦汉以后，野生麋鹿种群就逐渐在原野上绝迹了。元朝建立以后，善骑射的皇族把野生麋鹿从黄海滩涂捕运到大都（北京），供皇族子孙们骑马射杀。到了清朝康熙、乾隆年间，地球上就只有二三百只麋鹿被圈养在北京南海子皇家猎苑。这时候，国际动物学界还不知道麋鹿的存在。

1865年秋季的一天，法国博物学家兼传教士爱蒙·戴维一脸风尘地在北京南郊进行动植物考察，经过南海子皇家猎苑，戴维从苑外土岗上向内窥探到了这一奇特的物种。戴维设法买通了守苑的军士，在一个深夜，猎苑的守卒秘密地以20两白银为代价将一对麋鹿的鹿骨鹿皮卖给了戴维。戴维将麋鹿标本寄回巴黎后，经过动物学家鉴定，这不仅为从未发现的新种，而且是鹿科动物中独立的一个属。按照当时动物学界的惯例，应以“发现者”的名字命名这种鹿，从此麋鹿这种中国自古就声名卓著的动物便被称为了“戴维鹿”。

麋鹿被发现以后立即引起了欧洲各国的极大兴趣，从 1866 年至 1876 年的 10 年间，英、法、德、比等国的驻清公使及教会人士通过明索暗购各种手段，共从中国弄走了几十头麋鹿，饲养在动物园中。

1894 年，京南永定河泛滥，洪水冲垮了南海子皇家猎苑的围墙，许多麋鹿逃散出去并成了饥民的果腹之物。1900 年秋，八国联军趁清朝政府腐败、防务空虚一举攻入北京，北烧圆明园，南掠皇家猎苑，南海子麋鹿被西方列强劫杀一空，中国特有的这种珍奇之物在其故乡灭绝了。

19 世纪末，那些流落于异国他乡、被欧洲一些动物园圈养的麋鹿，由于生态环境的恶化，种群规模逐渐缩小而纷纷死去，越养越少。这时出现了一位使麋鹿绝处逢生的人——贝福特，他是一位酷爱动物，尤其喜爱鹿科动物的公爵。从 1898 年起，他出重金将饲养在巴黎、柏林等动物园的 18 头麋鹿悉数买下，放养在了伦敦以北的乌邦寺庄园内。十几年后，这群麋鹿已经繁殖到了 88 头。第二次世界大战爆发后，子承父业的小贝福特唯恐这群地球上唯一的麋鹿再次毁于战火，便将乌邦寺内的麋鹿向国内外各大动物园转让了许多。到 1983 年年底，全世界的麋鹿已达 1 320 头，均为当初 18 头麋鹿的后代。麋鹿遍及亚、欧、非、美、澳各洲，但唯独没有回到它们世代生息的故里——中国。虽然在 1956 年和 1973 年各有一对和两对麋鹿运至北京动物园，但因繁殖障碍和生活环境不适，与从前许多欧洲动物园一样，一直未能复壮种群。

1984 年 3 月，乌邦寺庄园的新主人委托一位英国动物学家来华调查情况，选择回放地点。经过对北至辽河，南至苏北的麋鹿分布故地的广泛调查，最后大家一致认为，北京南海子作为皇家猎苑旧址，是重引麋鹿的最佳地点。

1985 年 8 月 24 日，一架满载着中英两国人民友谊的飞机，将 22 头麋鹿从英国乌邦寺庄园运抵北京，当晚运至南海子麋鹿苑。就这样，时隔近一个世纪后，“海外游子”终于回家了。

作为一个珍稀的物种，麋鹿在回到祖国后，得到了国人的呵护和重视，被列为一级保护动物。现在，我国是世界上拥有麋鹿数量最多的国家，达到了 1 000 多头，但麋鹿仍然是一个濒危物种。

知识链接

全世界共有鹿科动物 17 属，38 种，我国有其中的 10 属，18 种，位居世界前茅。在我国所产的 18 种鹿中，有四五种是中国的特有种。除了麋鹿之外，梅花鹿、白唇鹿和毛额黄麂也十分著名。另外有几种，虽不是中国的特有种，但也属珍贵稀有，如坡鹿、白鹿、寿鹿和天山马鹿等。

普氏野马——动物中的奇珍

在我国新疆的准噶尔盆地和蒙古人民共和国的干旱荒漠草原地带，曾经生活着一种野马——普氏野马。别看它与现代马没有多大差别，但它被认为是历史上众多野马中唯一生存至今的种类，对人类寻求生物进化规律、发展生物基因具有很高的学术价值。

早在 19 世纪以前，野马就以其极高的科学研究价值成为动物界的明星，达尔文正是从对南美洲缺乏原生野马现象的研究开始，写下了自己的不朽名著——《进化论》。从那以后，野马成为追踪进化链条、寻访生命之谜的重要物种。但是，由于森林被大片砍伐，草原被破坏等原因，古代曾广泛分布于地球的野马几近灭绝。正当人们为野马的消失而绝望时，事情又出现了转机。1878 年，为俄国军队服务的波兰籍旅行家普尔热瓦尔斯基来中国探险时，在新疆罗布泊附近的一块绿洲边，意外地发现了一群正在吃草饮水的野马，一匹匹膘肥体壮，可爱极了。普尔热瓦尔斯基发现追不上这些野马，就拿枪打倒了两匹，费了好大劲把它们拖回营地，再制成标本运回俄国。俄国的生物学家惊喜地发现，这种野马是“世界上一切野马之母”。俄国沙皇亲自将这种野马命名为“普尔热瓦尔斯基马”，简称“普氏野马”。

普氏野马被发现之后，西方国家对它产生了浓烈的兴趣，纷纷派出考察队、探险队，远涉中国新疆、蒙古大量捕获野马并运回国内。仅仅 100 多年的时间，普氏野马就遭遇了灭顶之灾！在蒙古境内，考察队最后一次见到野马的时间是在1969年，1971年仅有猎人见到过单匹野马，此后便销声匿迹了。我国先后多次对新疆地区组织科学考察，甚至出动飞机昼夜搜索，但仍然没能找到在野外生存的野马种群。大多数科学家认为，即使野外仍然有普氏野马存活，数量也已经太少，不足以形成种群，继续繁衍。因此从科学的意义上说，普氏野马作为一个物种，已经在自然界消失了。

1978年，在荷兰召开的第一次国际野马研讨会上，很多国家的专家对普氏野马的命运表示担忧。因为它在国外繁殖成活率一直很低，只有25%左右，而且存活于世界各地的普氏野马加起来也仅有几百匹。专家们担心普氏野马在地球上会永远消失，所以提议将它放回原生地——中国新疆。

1986年8月14日，中国林业部和新疆维吾尔自治区人民政府组成专门机构，负责“野马还乡”工作，并在准噶尔盆地南缘、新疆吉木萨尔县建成占地9 000亩全亚洲最大的野马饲养繁殖中心。随着18匹普氏野马先后从英、美、德等国的运回，野马故乡结束了无野马的历史。

让普氏野马回到故乡，并不是人们的最终目的；让它回归自然，实现“野化”才是真正的目标。2001年8月28日，中国首次向野外放归了新疆野马繁殖研究中心自繁的27匹野马。经过对放归后普氏野马不间断地监测和观察，人们惊喜地发现，第一批放归的普氏野马已初步适应了野外生活，并成功繁育了4匹小马驹，成活率达到50%以上。2004年，第二批共10匹普氏野马又被放归大自然。但愿在人类的共同呵护下，这些矫健的生灵能在蓝天绿野之间再次发展壮大。

知识链接

马是7 000万年前恐龙在地球上消失以后才出现的。现代马是由身高不过30厘米的始马进化而来的。普氏野马不是现代马的祖先，但目前普氏野马在世界上仅存约1 800匹，我国国内不超过300匹，是被视为比“国宝”大熊猫还要珍贵的世界濒危野生动物。

树懒秘密知多少

在竞争激烈、弱肉强食的南美热带雨林里，每种动物都在为生存而“东奔西跑”，然而，却有这样一种动物每天有十七八个小时赖在树上悠然自得，它就是树懒。

树懒的祖先是古生物学研究史上赫赫有名的大懒兽，这是一万年前全美洲仅次于猛犸、乳齿象的第三号陆地巨兽。它体大如象，整个身躯长达5～6米，体重3～4吨。它们的身体特征介于树懒与食蚁兽之间，头骨类似前者，而肢骨和椎骨类似后者。

大懒兽化石最早于1788年在阿根廷被发现，后来又陆陆续续在南美发现了许多，后来有一部分传到了著名的法国博物学家居维叶手上。19世纪初期，居维叶正致力于脊椎动物比较解剖学的研究，他将这批史前巨兽的化石仔细推敲比对，发现它们与树懒在牙齿特征与骨骼结构上非常类似，因此将之命名为美洲大懒兽。此后，大懒兽成为了西方社会最早认识的古代灭绝哺乳动物之一。如今，曾经庞大的“懒”家族只剩下树懒了。不过，树懒从形态上已经没有了祖先的威风，它们的体重一般只有4～7千克，面部有点像猴还有点像熊，身子像猩猩。虽然有着灵长类动物般的体形，但它的一举一动却异常迟缓，与灵长类动物的敏捷相差甚远。在自然界，行动慢就意味着死亡，可是树懒却奇迹般地生存繁衍了下来，这与它长年在树上不下来有关。

树懒靠吃树叶为生，而树林里一年四季充满了树叶，所以树懒是深受其益绝对不必为吃发愁的。由于树叶水分多，环境又湿润，因而树懒也用不着下地饮水。懒惰的习性让树懒成为了世界上唯一身上长有植物的野生动物。雨季里，它们的毛发上长满了绿藻，有时其间甚至还生活着小昆虫。绿藻和昆虫从树懒皮毛的分泌物中汲取营养，也为寄主涂上一层隐蔽色。树懒的不活动加上隐蔽术使得凌空盘旋的鹰很难发现它们。另外，它们的身体很轻，可以爬上细小的树枝，而食肉动物却无法爬上这样的细树枝。这也是树懒得以生存至今的原因之一。

树懒的四肢很长，每一个掌上都长有三根又硬又尖的利爪。这样的利爪生在树懒的四肢上，不是为了与其他动物搏杀，而是为了能让树懒紧握住树枝，头朝下一动不动长时间悬挂着睡觉。它是动物王国的睡觉冠军，平均每天睡眠十七八个小时，即使醒来也极少活动，称其为“懒”真是实至名归。最近，科学家通过测定树懒“睡眠”时的脑电图发现，它们有时竟然处于清醒状态，只是在“闭目养神”罢了。

长期的树栖生活，使树懒的身体结构发生了很大变化，已经不会走路了。在地面上，它们只能像大鹏展翅般伸开四肢爬行，靠前臂拉着身体向前移动。有人好奇地估算过，树懒在地上每小时只能走 100 米左右，就连被人追赶、捕捉时，其逃跑的速度还超不过每秒 0.2 米，比乌龟爬行还要慢。

树懒有时也下到地面上，而且是为了一种正常的生理需要——排泄。树懒虽然懒惰，但它从来不在树上排泄。每当要排泄时，它会用前臂抓住树枝，用悬空的后肢在地面挖一个小坑，然后直接便在坑里，再用四周的泥土覆盖，随即赶紧爬上树。除此之外，树懒还有一个令人费解的奇特习惯：雌性树懒要分娩时会离开它所生活的那棵树，再爬到另一棵树上生宝宝。树懒为什么非要到一棵新树上去分娩，至今仍是一个谜。

知识链接

树懒科包括三趾树懒和二趾树懒两个属。三趾树懒前后肢均三趾，二趾树懒后肢三趾而前肢二趾。两者颈椎数目也不相同，其中三趾树懒颈椎 9 枚，是哺乳动物中最多的，而两趾树懒则和多数哺乳动物一样是 7 枚。有人将两者置于不同的科，树懒科只保留三趾树懒，将二趾树懒和已经灭绝的大懒兽类置于大地懒科。

一场有关长颈鹿的论辩

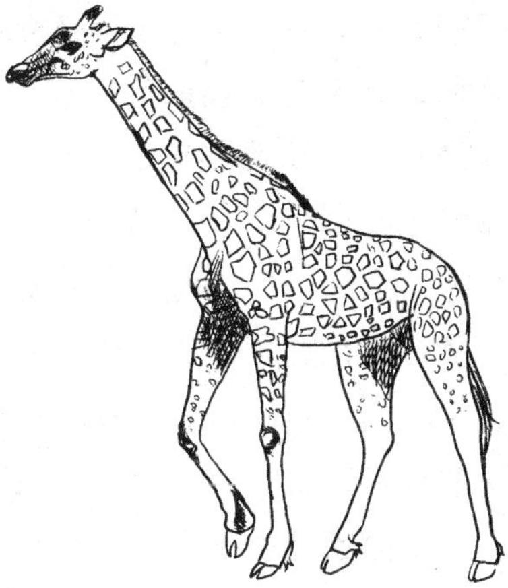

在哺乳动物中，长颈鹿独霸脖子长、腿长和舌头长三项冠军。有意思的是，长颈鹿的脖子虽然很长，但它的颈椎骨却和其他哺乳动物一样，只有 7 块，只不过每一块颈椎骨都特别长而已。那么，长颈鹿的颈椎为什么会变得那么长呢？这个问题在历史上曾引起许多著名的生物学家的兴趣，并由此引发过一场马拉松式的争论。

拉马克是 18 世纪法国著名的博物学家，他曾提出了著名的“用进废退”和“获得性状遗传”学说。在拉马克看来，长颈鹿祖先生活的地区，因自然条件变化而成为干旱地带，牧草稀少。长颈鹿为了生存，必须取食于高大树木上的叶子充饥。为达此目的，它就特别努力伸长脖子。由于经常使用的器官愈用愈发达，不使用的器官就退化，而获得性状又是可以遗传的，这样一代一代地延续变化下去，千载万代，颈就逐渐变长了。

到了 19 世纪，进化论的奠基者达尔文也对长颈鹿进行了研究，他不同意拉马克的说法，而是用自然选择学说来解释长颈鹿脖子长的原因：在古代的长颈鹿中，由于个体不同，它们的颈有长有短。在气候干旱，地面青草干枯，灌木死亡的自然条件下，身高脖长的长颈鹿能够吃到身矮脖短的长颈鹿无法吃到的高树木上的叶子，在生存竞争中脖长者得胜而生存下来，逐渐形成今天的长颈鹿。

1889年，达尔文的学说被华莱士、赫胥黎和海克尔等知名生物学家称为“达尔文主义”。他们一致认为，自然选择是生物进化的主要动因，它的主要内容包括变异和遗传、生存竞争和选择等。变异是选择的原材料，在生存竞争中，有利的变异较多地保存下来，有害的变异则被淘汰。有利变异在种内经过长期积累，导致性状分歧，最后形成新种，生物就是这样通过自然选择缓慢进化的。

随着遗传学的发展，人们对达尔文的个体间变异传袭子孙的见解产生了怀疑。德国的魏斯曼等人认为，生物遗传的实质是不变的，特别是不受环境因素的影响，即个体变异、获得性状都不遗传。1901年，荷兰的德·符里斯发现了突然变异，给达尔文学说带来了重大变化。许多学者认为，达尔文学派所提出的通过生存竞争进行自然选择，只在发生了突然变异的个体间起作用，对因环境差异而引起的细微个体变异则毫无作用。这种生物进化理论被称为“新达尔文主义”。新达尔文主义者对长颈鹿颈长的解释是，古代的长颈鹿，由于发生各种突然变异而出现了长度不等的脖子。其中，颈长的在生存竞争中有利于摄取食物，经过自然选择发展成为今天具有长颈的长颈鹿。

在达尔文以后，有关进化论的论争周期性地出现。日本遗传学家木村资生提出的中性学说认为，长颈鹿的长脖子是在分子水平上进化的结果。由于长颈鹿的遗传物质基础——脱氧核糖核酸的碱基对——发生变化，这些变化是对长颈鹿的生存既无利也无害的“中性突变”。这类“中性突变”不受自然选择的控制，它通过“遗传漂变”而在长颈鹿的群体中保存或消失。也就是说，在长颈鹿群体内的随机交配中，遗传基因发生随机自由组合，使那些表现为“长颈性”变异的基因突变得以固定和逐步积累，而那些不表现“长颈性”变异的基因突变逐步消失。经过千载万年的发展和巩固，逐步实现长颈鹿中种群的分化，终于形成了今天的“长脖子”新物种——长颈鹿。

生物的进化是经历了几千万年、几亿年漫长的岁月，而自然科学的历史才数百年，从知道进化这一事实至今也不过100多年。所以生物学家们迄今未能说明长颈鹿的脖子为什么这样长，也是可以理解的。相信随着科学技术水平的不断发展和提高，长颈鹿颈长之谜一定会水落石出。

知识链接

新达尔文主义产生于19世纪末，创立者是德国生物学家魏斯曼、美国遗传学家摩尔根等人。新达尔文主义是进化学说发展中承上启下的一个重要阶段，魏斯曼把遗传学和自然选择学说结合起来，开创了进化论研究的新方向。

繁殖速度超群的老鼠

在人类的宿敌之中，有一种小动物——老鼠。别看它个头不大，但一直以来人们都对它相当畏惧，因为它不但什么东西都咬，而且还会传播鼠疫。“老鼠过街人人喊打”这句俗语就表明了人们对老鼠的憎恶。

老鼠的种类十分繁多，常见的有褐家鼠、黑家鼠、小家鼠、黑线姬鼠、巢鼠、仓鼠、田鼠、鼠、鼢鼠、沙鼠、跳鼠等。在鼠类之中，有的可为人类利用，如小白鼠用来供人类进行医学试验，有些鼠皮可制成皮衣、手套、帽子等。有一种俗称“大飞鼠”的鼠，其粪便可入药，称为“五灵脂”。但多数鼠类对人类来说，是一种灾难。它们为害农林草原，盗吃粮食，破坏庄稼、储藏物、建筑物，并传播鼠疫、流行性出血热、钩端螺旋体病等病原。人们用“恶贯满盈”来形容它，是再恰当不过了。

鼠疫是由鼠疫杆菌引起的一种烈性传染病。一只老鼠死后，携带着大量细菌的鼠蚤便要寻找新的宿主，这样便把疾病传给了健康的鼠群，再由鼠蚤的叮咬而传染给人类。患上鼠疫的病人，轻者引起淋巴炎，重者病原体侵入血液，引起败血症，并发肺炎，全身发黑，双眼凸出，痛苦地走向死亡。而且，这种疾病流传极快，如不及时扼制，将会迅速蔓延，引起人员的大量死亡。世界上曾发生三次鼠疫大流行，第一次发生在公元 6 世纪，从地中海地区传入欧洲，死亡近 1 亿人；第二次发生在 14 世纪，波及欧、亚、非三大洲；第三次是 18 世纪，32 个国家受害。据文献统计，死于流行性鼠疫的人数，超过历史上所有战争死亡人数的总和。无怪乎人们惊恐地称这种疾病为“黑色妖魔”。

我国在明朝时爆发过鼠疫。当时，在鼠疫严重的地区，一户户人家全部死绝，有的地方一条街巷或一个县城死掉一大半。清代人师道南曾写过一篇题为《鼠死行》的诗，其中有“东死鼠，西死鼠，人见死鼠如见虎。鼠死不几日，人死如圻堵”的句子，形象地描述了鼠疫流行时纷纷死人的惨状，同时也说明了鼠疫在清朝时还十分猖獗。

老鼠的大量繁衍、滋生，是鼠疫流行的根本原因。它不仅曾经给人类带来过巨大的灾难，而且至今仍在同人类顽强地抗争。

老鼠的适应能力比人类强得多，它能在各种各样的环境中生活。沼泽、田野、森林、平原、河岸、山坡、岩石丛中……凡有立锥之地，都可以找到它的足迹。无论是干旱酷暑的沙漠，还是严寒冰冻的极地，都有它的居住之所。有位科学家曾经做过这样一次试验：他利用一次出国旅游的机会，前往印度抓住了一只住在山坡洞穴里的雌性老鼠。后来，又利用一次讲学的机会，前往美洲，在他居住的阁楼中抓住了另一只雄性老鼠。他将这两只老鼠带到了太平洋中的某个岛屿的椰树顶上。经过多年的观察，发现这两只老鼠不仅都能在树顶上生活，而且还能不断地繁殖后代，甚至几代都不下到地面上来。老鼠的适应环境能力，真是叫人难以置信。

一般说来，动物都有它的食性，如同牛羊吃草、虎豹吃肉那样，这叫天性。但老鼠对饮食却从不挑剔。凡是人能吃的，它都能吃；而人不能吃的东西，它居然也能吃。从树上的果子，到地上的庄稼，几乎什么都能食用。农民们用汗水换来的稻米、高粱、大豆、玉米、薯类、甘蔗等，更是它嘴里的美味佳肴。

更为甚者，老鼠有着惊人的生殖能力。据估计，全世界共有 40 多亿只老鼠。有人认为，老鼠的寿命一般为 8～15 年。它能保持着如此庞大的数量，显然是得益于极为旺盛的繁殖能力。研究发现，母鼠能四季不断地孕育，每年平均生养 3～6 次，每次在 5～10 只。由此推算，一对老鼠与它的后代 1 年能繁殖 1.5 万个后代。这是多么惊人的繁殖力啊!

为了对付这个不屈不挠的敌人，人类不断地发掘聪明才智攻击老鼠，但都遭到了鼠魔顽强而成功的对抗。为了解决这一令人头痛的难题，科学家们试验了各种各样的新式武器：用化学和放射装置，使老鼠不孕；用高频声响发生器，制造声障；用黏沾物，黏住入侵的老鼠等。这些办法的使用，虽能奏效于一时，鼠魔也只是暂且败退而已。要从根本上消灭鼠患，并不如此简单。

经过多年的科学实验，人类还没有找到彻底消灭鼠患的办法。但是，科学家们总结了一些基本经验：鼠患的严重程度与当地的环境状况有关，只有动员和组织群众，努力搞好环境卫生，才能使老鼠的数目永久减少，对人类的危害也相应减弱。看来，在与老鼠的斗争中，人类还不能自夸已占有了重大优势。

知识链接

鼠疫这个困扰人类的恶魔，历史上曾经一度被控制，但这种瘟疫并没有绝迹。20 世纪 90 年代以来，鼠疫再次在世界上开始活跃，我国的鼠疫疫情也呈现上升趋势。人类与老鼠的斗争还将不断地继续下去。我们要相信，科学一定能够走在老鼠适应能力的前面。

解读亚洲战象

在中国象棋中，“象”是一个很重要的角色。在现实生活中，象也曾经在战争舞台上做过一番精彩的表演。

大象有亚洲象和非洲象两种，首先被驯化的品种是亚洲象。大约4 000年前,古印度人就开始驯服亚洲象。在古代，骑兵曾风行世界，成为国家强盛的重要标志。印度由于气候关系难以培养出品种优良的马匹，因此，印度的骑兵很少。为了加强其国防力量，他们就把大象训练来作战。

经过训练的战象，其背上常设一象舆，舆中插有各种长兵器，坐一战将，前后各配一驭象手，他们都是既精通武艺，又能熟练指挥战象的兵将。在象的四条粗腿旁，各有一士兵手持武器保护象腿。这样便组成一个独立的作战单位。如果象颈上坐的是帝王或统帅，象舆中则坐一士兵，双手高举长长的孔雀尾羽，相当于军中的号兵，给自己一方以信号。一次重大的战役，投入战斗的亚洲象有时多到几百头，它们在冲锋时的速度可达每小时30千米。远远望去，宛似滚滚黑浪席卷而来，好比第一次世界大战坦克刚使用于战场一样，曾使对方束手无策，因而大象的使用很快扩大到了近东和非洲地区。迦太基统帅汉尼拔在同罗马人作战中就曾使用过战象。不过，他编入作战部队的大象是非洲象。

我国是最早使用大象作战的国家之一。据考证，在殷初或更早的年代，可能有过象车出现。春秋时候，吴国同楚国作战，一直打到了楚国京都。楚王弄来一群大象，在象鼻子上系上尖刀，尾巴上绑着火种，让象群列队出阵。人们在它尾上点燃火把，使其拼命向前猛冲，终于把吴国军队赶跑了。

尽管大象具有很大威力，但也有很多局限性。一是目标大，容易被发现和击伤；二是不太听指挥，很容易四散乱窜，反而将自己的队伍搞得乱七八糟。由于有这些弱点，各个国家很快找到了对付大象的办法。如印度军队用沉重的铁箭和燃烧的火箭射击大象；希腊军队用与现在的反坦克地雷场相似的办法，将铁尖桩连环埋在大象必经的地方，以划破大象柔软的脚等。从此以后，大象作为作战部队逐渐在战场上消失。

如今，亚洲象作为运输工具，仍在东南亚一些国家中存在。泰国还有训练大象的专门学校。训练大象用头推倒大树，用脚蹬踏地面，用鼻子搬运木料，发动推土机和电锯上的引擎，以及在狭窄的树林小道上行走保持平衡等。教会大象这些本领，目的是使它更好地为人类服务。

亚洲象属于哺乳纲长鼻目象科象属动物，是世界上最珍稀的野生动物之一。目前主要分布于亚洲热带地区，并以孤立的种群零星散布在亚洲的 13 个国家。据调查，目前在亚洲国家里总共还有 37 000～48 000 头野象和 15 000～18 000 头有主人的家象。

知识链接

亚洲象和非洲象有着明显的不同：非洲象的体型比亚洲象大，象牙也比亚洲象长得多，而且雄兽和雌兽都有象牙，亚洲象则只有雄兽有象牙；亚洲象鼻端有一指状突起，非洲象则有两个。在生态习性上，亚洲象以森林或丛林环境为主，非洲象则主要栖息于草原或稀树草原中。在进化程度上，非洲象较为原始，不易驯服。

解读北极之王

我们知道，北极是一个冰雪的世界。但就是在那样一种严酷的环境下，北极熊、海豹、海象和北极角鲸等海洋动物仍非常活跃。作为北极的象征，北极熊是那里最大的陆地食肉动物，除人类外，它几乎没有对手，是当之无愧的“北极之王”。

雄性北极熊一般都是2米多长，重约800千克。雌性北极熊体形约比雄性小一半左右。北极熊虽然周身覆盖着厚厚的白毛，但皮肤却是黑色的，这从它们的鼻头、爪垫、嘴唇以及眼睛四周的皮肤上就能看得出来。北极熊的头较小，颈长而灵活，掌特别宽大，适于潜水和游泳。在它的掌下生有许多细毛，不仅有助于保暖，还可方便它们在冰面上行走。北极熊的视力和听力与人类相当，但它们的嗅觉极为灵敏，是犬类的7倍。

北极熊为食肉动物，主食海豹。每当春天和初夏，成群结队的海豹躺在冰上晒太阳时，北极熊就会仔细地观察猎物，然后巧妙地利用地理形势，一步步地向海豹靠近。当行至有效捕程内，北极熊则犹如离弦之箭，猛冲过去。尽管海豹时刻小心谨慎，但等发现为时已晚，巨大的熊掌以迅雷不及掩耳之势拍下来，海豹顿时脑浆涂地。

在冬天，北极熊又会以惊人的耐力连续几小时在冰盖的呼吸孔旁等候海豹，全神贯注，一动不动，犹如雪堆般，并会用掌将鼻子遮住，以免自己的气味和呼吸声将海豹吓跑。当千呼万唤的海豹稍一露头，“恭候”多时的北极熊便会以极快的速度，朝着海豹的头部猛击一掌，可怜的海豹尚未弄清发生了什么事情，便脑花四溅，一命呜呼。

对于那些躺在浮冰上的海豹，北极熊也有一套对付的方法。它会发挥自己游泳的专长，悄无声息地从水中秘密接近海豹，有时它还会推动一块浮冰作掩护。捕到海豹后，便会美餐一顿，然后扬长而去。北极熊的聪明之处还在于，在游泳途中若遇到海豹，它会无动于衷，犹如视而不见。因它深知，在水中，它绝不是海豹的对手，与其拼死拼活地决斗一场，到头来还是竹篮打水一场空，还不如放海豹一马，也不消耗自己的体力。

北极熊的肉是爱斯基摩人最重要的食物来源之一，熊皮是当地居民的日常用品，用其制成裘服、鞋袜，为他们提供了最能保温的防寒物品。以前，爱斯基摩人仅用弓箭和长矛等捕获北极熊，并且其人口很少，所捕获的北极熊数量也不多，因此对北极熊的生存并不构成威胁。由于利欲熏心，外地的捕熊船便应运而生，并定期开进北极海域，大肆捕掠，致使北极熊的数量急剧减少。

据统计，目前北极地区的北极熊已不超过 20 000 只。平均每 700 平方千米的冰面，才有 1 只北极熊。而且随着北极石油资源的开发，先进的破冰船、飞机、潜艇等已进入北极，北极熊的生存受到了严重的威胁。为此，北极地区的国家在 20 世纪 70 年代签署了保护北极熊的国际公约。公约规定，严格控制买卖、贩运自然熊皮及其制品。

知识链接

由于全球气温的升高，北极的浮冰逐渐开始融化，北极熊昔日的家园已遭到一定程度的破坏，猎物相应减少。另外，因为北极熊无法长时间待在海里，日益开阔的海面更增加了它们溺毙的危险。据科学家们估计，到 2050 年地球上的北极熊数量可能比现在减少 2/3。

解读扬子鳄的秘密

鳄类是远古爬行动物的子孙，早在2亿年前就已经生活在地球上了。它们曾亲眼目睹过恐龙灭绝时的悲惨景象，而自己却逃过了7 500万年前发生的爬行动物大灭绝的大劫，一直延续至今。应该说，它是古老爬行动物中的幸运者之一。现在世界上约生活着25种鳄类，我国特有的珍稀动物扬子鳄是其中之一。

扬子鳄身长约2米，是水陆两栖的爬行动物，喜欢栖息在人烟稀少的河流、湖泊、水塘之中。它大多在夜间活动、觅食。有意思的是，扬子鳄除了吃一些小动物，如鱼、虾、鼠类、河蚌和小鸟之外，还经常吞食石块，这是为什么呢？原来，扬子鳄的胃壁很厚，由3层平滑肌组成。当它强大有力的胃壁在舒张与收缩时，胃内的各种食物总处于不停地运动状态。而那些石头和砂粒，在食物中间挤、压、磨，不停地来回冲撞。这时，田螺、河蚌等硬壳食物，早已被胃酸、消化酸浸蚀、软化，再经过石头的冲击、磨压，很快就成为粉状了。由此可见，扬子鳄吃石头，是为了让其帮助胃壁磨碎硬壳食物，使之尽快得到消化、吸收和储藏。除此以外，鳄鱼吞食石块，还有增加体重、提高潜水能力的作用。鳄鱼腹中的石块，可以起到与轮船内的压舱物一样的作用，有了它，鳄鱼才能在水下稳妥地行动，不致被激流水浪冲跑。有趣的是，不论鳄鱼多大，它只吞食占它体重1%的石头，不多也不少。

扬子鳄不仅能在陆地上生活，连续不断地呼吸空气，而且也能像鱼儿那样生活在水中。那么，扬子鳄在水中是怎样进行呼吸的呢？扬子鳄的两肺，是可张可缩的。张时则较大，最大时如排球般大小。缩时则很小，犹如乒乓球的形状。这一张一缩之间，体积就相差有数十倍。平时，扬子鳄的两肺只要灌满了空气，它就可以藏身水底数小时，而不用浮出水面进行呼吸。当其冬眠时，甚至可以连续几个月不用呼吸。所以，扬子鳄的呼吸，就在于它不是连续性的，而是出现了“通气期”和“不通气期”的两种机能。在通气期，扬子鳄进行正常的呼吸运动。在不通气期，则呼吸运动停止。正因为扬子鳄具备了这种异乎寻常的肺功能，才使它能像鱼儿一样，长时间地生活在水底下。扬子鳄奇特的呼吸功能使它多了种生存竞争的本领。

在扬子鳄的群体中，雄性为少数，雌性为绝对多数，雌雄性的比例约为5∶1。这是什么原因呢？动物学家们经过研究才发现，鳄的受精卵在受精的时候并没有固定的性别。在它的受精卵形成两周以后，其性别由当时的孵化温度来决定。孵化温度在30℃以下孵出来的全是雌性幼鳄；孵化温度在34℃以上孵出来的全是雄性幼鳄；而在31～33℃孵出来的，雌性为多数，雄性为少数；如果孵化温度低于26℃或高于36℃，则孵化不出扬子鳄来。扬子鳄的受精卵在孵化时大多在适宜孵化雌性的气温条件下，这就造成了雌多于雄的情况。

扬子鳄是目前世界上现存的20多种鳄中唯一的冬眠种。由于产地的冬季比较寒冷，气温可以低到零摄氏度以下，爬行动物适应不了，因此扬子鳄就进入冬眠。扬子鳄一般由每年10月下旬开始入洞休眠，一直到第二年4月中旬或下旬才出洞，冬眠期将近半年。

扬子鳄的性情比世界上别的鳄鱼都温和，而且它的经济价值很高，皮能制革，肉能食用，骨可制肥料，牙可制作装饰品，某些器官还能做补药，因此常常遭到人类的捕杀，野生扬子鳄一度到了濒临绝灭的程度。为此，我国早已把扬子鳄定为了国家一级保护动物并为它建立了自然保护区。

知识链接

扬子鳄又名鼍，这早在商殷的甲骨文里就有记载了。古人常认为鼍是龙的一种，李时珍的《本草纲目》一书就将扬子鳄称为鼍龙。老百姓则将它称为土龙、猪婆龙。近年来，随着古人崇尚龙的遗迹不断出现，从而引发和激起了人们对龙的原型探讨的热情。在众说纷纭的观点中，有一种就是“龙即鳄鱼说”。

解读两栖寿星娃娃鱼

在我国特产的珍稀动物中，有一种名叫大鲵的动物。据说它的叫声像婴儿的啼哭，故名娃娃鱼，可是动物园内养的娃娃鱼，至今尚未听到它的叫声；还有一种说法是因为大鲵有四条又短又胖的腿，前脚有四指，后脚有五趾，尤其是前脚连同它的四指很像婴儿的手臂，因此有了“娃娃鱼”的称谓。

娃娃鱼其实并不是鱼，而是一种生活在淡水中的两栖动物，与青蛙、蟾蜍同属一个大家庭，在动物学上属两栖纲有尾目。目前，在世界现存的两栖动物中，数娃娃鱼个头最大。此外，它还是两栖动物中最有名的寿星，在人工饲养的条件下，能活 130 年之久。

据古生物学和古地理学的研究，自古生代泥盆纪开始出现两栖动物后，娃娃鱼逐渐繁盛起来，它的祖先在地球上分布很广，大约在距今 4 亿年前，北半球相当广泛的地区都有它的足迹。到目前为止最古老的大鲵化石是在美国怀俄明州距今 6 000 万年以上的下始新纪地层中发现的，此外在欧洲、北美和亚洲等地区都有它们的足迹。然而随着历史的推移、地质的变迁，全世界现存大鲵仅有 3 种，除我国的娃娃鱼外，还有日本山椒鲵和美国隐鳃鲵。

娃娃鱼的身体呈棕褐色，皮肤滑润无鳞，长有 4 只不大的脚；头扁圆而宽，口很大，并有许多细齿排列在上下颚上；眼睛很小，位于头部背方；此外还有一条左右侧扁的大尾巴，看上去有点像墙上爬着的壁虎，一般体重5～6千克，身长1米左右，最长的可达1.8米以上。

娃娃鱼一般生活在低山地区清澈、湍急、清凉的溪流中。“娃娃鱼”登陆后，步履艰辛，行走极困难，如果遇到敌害，往往一筹莫展，只能束手就擒。它们在水中游得很慢，喜欢白天隐伏，夜间出洞活动，以水中的鱼、虾蟹、蛙和水生昆虫为食。娃娃鱼不善于追捕，只是隐蔽在滩口的乱石间，发现猎物经过时，进行突然袭击。因它口中的牙齿又尖又密，故猎物进入口内后很难逃掉。它的牙齿不能咀嚼，只是张口将食物囫囵吞下，然后在胃中慢慢消化。娃娃鱼有很强的耐饥本领，甚至两三年不吃也不会饿死。它同时也能暴食，饱餐一顿可增加体重的1/5。食物缺乏时，还会出现同类相残的现象，甚至以自己的卵充饥。娃娃鱼虽不怕冷，但也有冬眠的习性。每年从初冬到第二年开春是它的冬眠期，这时它不吃也不动，但受袭击时仍有反应。

娃娃鱼是一种古老而原始的动物，其心脏构造特殊，已经出现了一些爬行类动物的特征。因此，世界各国的动物园和水族馆常以能展出娃娃鱼为荣。饲养娃娃鱼的人发现，娃娃鱼虽然长相丑陋，行动迟缓笨拙，但却比较聪明。

娃娃鱼被养在玻璃槽内，人们用鱼、肉款待它。但是它忍受不了孤独寂寞，有时趁主人不在的时候，偷偷爬出玻璃槽，到地面散散心。细心的主人偷偷跟踪它，发现它每次散步的路线都是同一条。从哪条路出去，还从哪条路回来。曾经发生过这样一件事儿：一天夜里，娃娃鱼突然不辞而别。惊慌失措的主人，四处寻找它的下落，地洞、阴沟、草丛找了个遍，仍一无所获。主人心灰意冷，以为娃娃鱼不会回家了。谁想5天之后，这位顽皮的小家伙，竟然神出鬼没地又返回玻璃槽旁，仿佛出了一次差。

娃娃肉质鲜美，含丰富的蛋白质和人体必需的氨基酸，是一种名贵的滋补品，无愧为盘中珍肴。此外，娃娃全身均可入药，可以用它治疗痢疾、贫血等症。因此，长期被人们大量捕杀，虽然国家已把它列为二级保护动物，但是，近年来偷猎现象仍时有发生。再加上野生娃娃鱼繁殖率很低，幼体生长缓慢，3年才长到20厘米长，体重不足100克。目前，它的数量大减，很多产区已经找不到它们的踪迹了。

知识链接

两栖类动物保留有很多原始特性，它们的卵仍然要在水中孵化，幼体出生后也要在水中生活一段时间，即便是成体也不能长期待在干燥无水的地方，不时地需要进水中湿润皮肤，而皮肤也只有在水中才能起呼吸作用，因此它们并不能算是真正的陆生动物，而是陆生与水生动物之间的过渡类型。这类动物包括青蛙、娃娃鱼等。

乌龟长寿秘密知多少

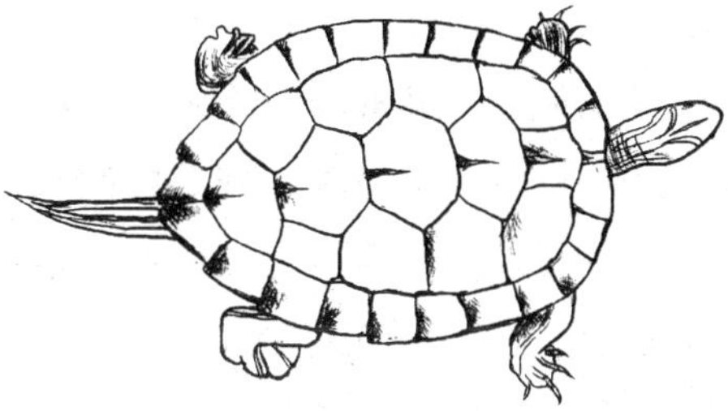

在动物世界里，论寿命当推龟最长了，所以龟有“老寿星”之称。乌龟早在2.5亿年前就生活在地球上，那时恐龙等大型爬行动物尚未诞生。然而乌龟却逃过了7 000万年前恐龙灭绝的空前劫难，顽强地生存了下来，成为当今世界上最古老的动物。

自古以来，乌龟就是一种神秘并且拥有着丰富文化内涵的动物。它与人的渊源远比其他所有的家畜、家禽更深。早在3 000年前的西周时期，古人就把乌龟作为一种宫廷观赏动物来饲养。古人把龟、龙、凤凰和麒麟当成四种吉祥动物，称作“四灵”。乌龟不但位居其首，号曰“龟千岁”，而且是“四灵”中唯一确实存在的动物，因为后三种“灵物”只是传说中的子虚乌有之物，不足为信。

我国古人很早以前就把乌龟当作“长寿”的象征。关于乌龟是动物界老寿星的记载，有案可稽的确有不少。《史记》《春秋》和《庄子》等有关几百岁的长寿龟的记载很多。现实生活中，“千年龟”虽属罕见，但二三百年的乌龟，在世界各地是屡见不鲜的。

人们虽然都知道龟是长寿动物，但是对龟的长寿原因却知道得很少。国内外一些科学家已将此列为研究课题进行探索，把乌龟当作研究人类长寿的极好的动物模型。根据现有研究，龟的长寿原因还说法不一。

有的科学家曾经提出，龟的寿命与龟的身体大小有关，龟体大的寿命就长，龟体小的寿命则短。有记录可查的长寿龟，例如象龟和海龟都是龟族中的大个子，前者是世界上最大的陆地龟。但是上海自然博物馆的动物学家不同意这一观点，因为该馆有一只保存着的大头龟标本，论个头远不如象龟和海龟大，可是它的背甲上刻有“道光二十年”（1840年）字样，这分明是为了记事用的。这一年，中国发生了鸦片战争。这只大头龟是1972年在长江里捕获的，从刻字那年算起，到捕获的时候为止，这只龟至少已活了132年。

有些动物学家和养龟专家认为，以植物为食的吃素龟的寿命一般要比吃肉和杂食的龟类的寿命长。例如，生活在太平洋和印度洋热带岛屿上的象龟，以青草、野果和仙人掌为食，寿命特别长，可活300岁。但是另一些龟类研究人员却认为不一定，比如以蛇、鱼、蠕虫等动物为食的大头龟和一些杂食性的龟类，寿命也有超过100岁的。

最近，一些科学家还从细胞学、解剖学、生理学等方面去研究龟的长寿秘密。有些生物学家选了一组寿命较长的龟和另一组寿命不太长的普通龟，作为对照实验材料。研究结果表明，一组寿命较长的龟细胞繁殖代数普遍较多，而另一组寿命不太长的龟其细胞繁殖代数普遍较少。这说明，龟的细胞繁殖代数的多少，同龟的寿命长短有密切的关系。有的动物解剖学家和医学家还检查龟类的心脏机能，把龟的心脏离体取出后，竟然能够跳动整整两天之久。这说明龟的心脏机能较强，同龟的寿命较长也有直接关系。从整体上来说，龟类的长寿，同它们的行动迟缓、新陈代谢较低和具有耐饥耐旱的生理机能有密切关系。

总之，科学家们从不同角度探索和研究龟的长寿之因，所得的结果也是众说纷纭，莫衷一是。至于究竟是什么原因，还有待于进一步研究。

知识链接

2006年，一只176岁的乌龟去世。据说它是英国生物学家达尔文从美洲带回欧洲的，在达尔文推出进化论过程中起过一定作用。但这只乌龟仍不是长寿之最，最近，生长在冰岛海底的一种名为“明”的蛤类软体动物被确认为世界上最长寿的动物。科学家根据其贝壳上的纹理鉴定，它现在的年龄已达到405岁。

以前不知道的企鹅秘密

一提起企鹅，人们就会想到它们在冰天雪地里一摇一晃的可爱模样。然而，科学家最近公布了一项惊人发现，4 200 万年前已有企鹅生活在温度比现在高得多的赤道水域中。

古生物学家发现，在秘鲁南部海岸出土的一些化石残骸，属于一种巨型的热带企鹅。这种已经绝迹的企鹅身高至少达 1.5 米，就连目前生活在地球上的最大的企鹅——身高 1.2 米左右的帝企鹅，在它面前也只能算是个“小个子”。不仅如此，这种巨型企鹅还是目前所有已知水禽中鸟喙最长的。它拥有矛形长喙，长达 18 厘米，比头骨还要长出两倍多。这种喙更适于迅速捕捉鱼类，而不是享受微小的磷虾。不仅如此，远古企鹅还能潜到很深的水下，并能像现代“亲戚”那样在水面下优雅地“滑翔”。据估计，这种巨型企鹅生活在距今大约 3 600 万年前。

除了巨型企鹅之外，古生物学家还在秘鲁南部海岸发现了另一种已灭绝的热带企鹅种类。这种热带企鹅身高约 0.9 米，它们生活在约 4 200 万年前的远古时期，是目前已知的最古老的企鹅种类之一。这两种企鹅的化石出土地点相距不远，它们是迄今为止发现的最完整的企鹅化石。新发现证明，早在 4 200 万年前，企鹅就已在低纬度地区居住，时间比人们通常认为的要早 3 000 万年，而且居住地点比人们想象的更靠近赤道。

科学家认为，自从6 500万年前恐龙灭绝之后，地球曾经历了一段历史上温度最高的时期。从大约3 400万年前，即南极冰盖形成后，地球的温度才逐渐开始降低。研究人员认为，新发现的这两种企鹅是在地球上的不同区域分别进化的，后来才游到温度更高的赤道水域生活。研究人员相信，巨型企鹅曾在现在的新西兰附近生活，而较小的那种热带企鹅则发源于南极洲。

虽然从新发现的两种已经灭绝的企鹅种类身上能够看出，它们愿意离开南半球纬度较高的低温水域，前往水温更高的地方生活，但并不能因此得出结论说，现代企鹅也能适应目前的气候变化所导致的高温环境。

近几年来据国外科学家统计，有7种生活在南极及其附近地区的企鹅数量出现了不同程度的下降，有些地方减少的数量高达25%。1975年南极地区的总数量在1.5万对以上，但目前仅剩下9 000对左右。是什么原因引起企鹅数量迅速下降的呢？最初生物学家认为旅游者的增加破坏了企鹅生活区的宁静，使企鹅不能顺利地繁殖后代。有人又认为与大量捕捞南极鱼虾有关，也有人认为与海洋污染有关。这些理由虽说有一定的道理，但是对企鹅数量迅速下降的解释还缺乏说服力。通过几年的努力，最近人们才找到南极企鹅下降的真正原因，那就是气温上升。据统计，从1860—1996年，全球平均气温上升了0.5℃以上，南极洲在近50年来气温上升幅度高达2.5℃。气候变暖加快了南极冰雪的融化速度，导致浮冰上的积雪融化，淹没了企鹅产卵和孵化幼仔的场所，使小企鹅的出生率和成活率呈直线下降，从而导致企鹅总数的减少。

知识链接

南极企鹅不怕冷是因为它们为了适应当地严寒的环境，其生理特征已经在漫长的进化过程中发生了相应的变化。例如它们的羽毛呈鱼鳞状，彼此重叠，厚厚的绒毛能容纳大量的气体，形成绝热的保护层。同时皮下脂肪十分厚，具有良好的保温性能。这一套特殊的生理构造，使它们能在零下数十摄氏度的低温环境下捕食、抚育后代。

动物界“建筑师”海狸

人类为了制伏肆虐的河水，建造了各式各样的大坝，有一种动物生来就是建造大坝的“水利专家”，它就是海狸。

海狸也称河狸，是世界上最大的啮齿类哺乳动物，个头最大的有几十千克。海狸拥有水下生活所需要的最好装备，除了厚厚的皮毛外，它的后腿脚趾间长有蹼。另外，海狸还有一条多鳞的宽尾巴。由于这条独一无二的尾巴，200 多年前的人们还以为海狸是一种鱼。现在我们已经知道，海狸是水陆两栖兽类，为了保持其水陆两栖的生活习性，它的巢洞都建筑于河岸边，但出入的洞口及隧道却在水下。巢室分上下两层：上层是居室，位于水平面上一点，里面温暖、干燥，住起来比较舒适；下层为仓库，位于水平面下边，供储藏食物用。

海狸在筑巢时，常在陡峭的河岸上挖一条隧道，隧道是斜着向上走的。它们挖起土来动作很快，用前爪把土刨松，再用长着宽蹼的后爪把松土扒到身后，并逐渐把土推到洞外。海狸挖起土来全神贯注，一丝不苟，并有持久的耐力，可不间断地工作。隧道挖到高于外面水位后，便扩宽加大，修建成一个巢洞。

为了便于筑巢、游泳和潜水，海狸在筑巢时要求水要有一定深度。

当水的深度不够时，海狸就修筑堤坝，拦截水流，以提高水位。筑坝需要大批的木材和石块，因此海狸多选择便于取材和运输的小溪或小河作为坝址。海狸的牙齿非常尖锐，几分钟就能咬断一棵小树。如遇上粗树干，它转着圈儿不停地咬，一只海狸咬累了，另一只海狸就替换它，一直到粗树干被咬断倒下为止。然后，再咬断树枝，叼着它游泳运输到坝址。叼不动的树干，便把它咬断成一段段短木，再齐心合力将短木拖到河中，借助流水把短木冲到坝址。

材料备齐后，海狸便开始筑坝。它们在筑坝时，先把粗的树干横置于底层，再从下游方向，用带叉的枝干顶牢，上面再放上树枝，压上石块。主体工程完成后，再用一些细树枝、芦苇和其他细软材料混上黏泥，将坝上的缝隙堵住、压紧，直到完全不再漏水，这样堤坝就建成了。建成后的堤坝，迎水面陡而光滑，前面是一个大而深的水坑，这是海狸在筑坝时取泥挖成的，它可减缓水流的速度，从而对堤坝起到保护作用；堤坝背水的一面，则是纵横交错固定在河床和堤岸上的树枝。

海狸所建造的拦河堤坝大多都比较短、比较窄，但也有大型的，在苏联的沃龙涅什地区，有一座120米长的海狸坝；在密西西比河盆地的沼泽地区，曾有一座几百米长的海狸坝。更令人吃惊的是，在美国蒙大拿州的杰斐逊河上，有一座世界上最大的海狸坝，长达700米，坝上不仅可走行人，甚至可以骑马跑过。这座大型海狸坝是一个海狸家族世世代代共同创造的奇迹。

知识链接

海狸是一种非常珍稀的动物，野生种已濒临灭绝。我国海狸仅分布在新疆北阿尔泰地区的青河县和福海县境内的布尔根河、青格里河和乌伦古河流域。它的尾巴基部有两个腺囊，香腺发达，能分泌海狸香，是著名的四大动物香料之一，其他三种分别是麝产生的麝香、抹香鲸产生的龙涎香和灵猫香。

神秘的贝壳

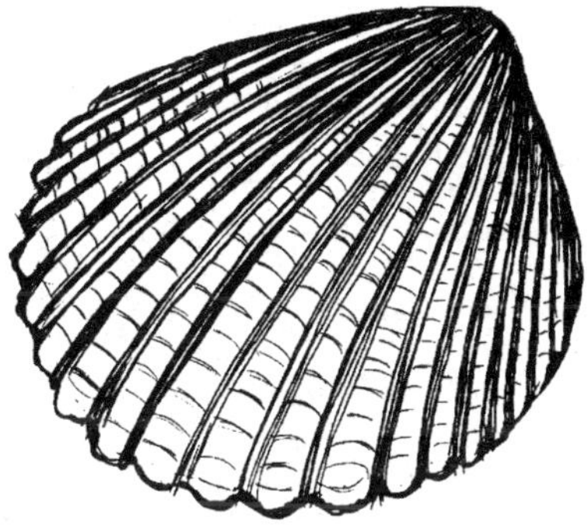

珍珠是一种古老的有机宝石，同时又是名贵的中药材。可是你们知道那些晶莹剔透的珍珠是怎样形成的吗？珍珠是海滨的蛤、珍珠贝和淡水的蚌等贝类的产物。

我们的祖先不仅爱珍珠，而且爱贝类。对海贝的捕获和利用，已有相当悠久的历史了。5 万年前，人们就知道捕捉食用海贝了。在他们住过的洞穴中，发现一堆堆食用过的各种海贝的化石。4 000 多年前，我国古代人民就开始使用贝来做货币，汉字中与价值有关的字，大多是“贝”字旁，如货、财、贵、赚、贮、贯、贸、资等。

虽然人类采捕、养殖珍珠的历史非常悠久，但在科学并不发达的古代，人们对珍珠成因的认识十分有限，于是便产生了有关珍珠来历的种种传说。在古印度，人们相信珍珠是由诸神用晨曦中的露水幻化而成；在古罗马神话传说中，珍珠是爱神维纳斯在充满泡沫的蚝壳中沐浴后，其身上滴下的水珠凝结成的；波斯的神话则认为珍珠是由诸神的眼泪变成的；中国民间也有“千年蚌精，感月生珠”“露滴成珠”等说法。

关于珍珠的成因，大约从 16 世纪中叶开始才逐步脱离神话故事的影响。随着关于珍珠研究的不断发展，不同时期的学者先后提出了有关珍珠形成的各种说法。人们起先认为珍珠是类似肾脏结石的贝病的产物，而后又认为是由于体液过剩或一部分卵留在体内造成的，也有人认为是沙粒进入贝体，最终形成了珍珠。到了 18 世纪，人们逐渐认识到形成珍珠的物质所具有的性质和贝壳相同，珍珠就是球形的贝壳，它们的形成过程是一致的。

19世纪，随着生物科学特别是实验生物学的不断发展，科学家们终于逐步搞清了珍珠形成过程中的一些细节问题。原来，贝类动物的贝壳内软体部主要由外套膜、内脏团等组成，外套膜位于体之两侧，与同侧贝壳紧贴，构成外套腔。当蚌壳张开的时候，如果恰好有沙粒或寄生虫等异物进入蛤、蚌那坚硬的小房子，处在了外套膜与贝壳中间，没办法把它排出来，沙粒等异物就会不断刺激该处的外套膜，就如同人的眼睛被灰尘迷了一样，又痒又痛。则该处外套膜的上皮组织就会赶快分泌出珍珠质来把它包围起来，形成珍珠囊，包了一层又一层。久而久之，就在沙粒等异物外面包上一层厚厚的珍珠质，于是就形成了一粒粒圆圆的漂亮的珍珠了。另外一种情况则是蛤、蚌自己的有关组织发生病变，导致细胞分裂，接着包上自己所分泌的有机物质，渐渐陷入外套膜，自然而然地形成了珍珠。

由于珍珠非常贵重，天然形成的珍珠比较少，不能满足需要，因而人们就运用了自然成珠的原理，开发了人工养殖珍珠事业。在养殖场里，人们把一些贝类养大后，在外套膜结缔组织内插入用蚌壳制成的核，核上并覆以一片外套膜小片，经过一定时间，就生成了人工培育的珍珠。

虽然经过一代又一代人的努力，人类对于贝类动物以及珍珠都有了深入的了解，但对于珍珠成因的微观研究和环境条件影响珍珠形成过程的综合研究尚有很多需要开展的工作。也许在不久的将来，我们会在这小小的贝壳中发现更多的秘密。

知识链接

珍珠有海水珍珠和淡水珍珠之分。海产贝类中能产优质珍珠的共有30余种。现在世界上作为高档珠宝首饰用品的珍珠，大部分是以马氏珠母贝作为母贝养殖的珍珠。全世界的淡水贝类有1 000多种，但能够用来培育淡水珍珠的贝类种类不多，其中三角帆蚌生长的珍珠质量较好，是目前国内最主要的人工养殖对象。

动物学家的故事

动物学家亚里士多德

动物学历史悠久，与人类生产活动关系密切。在以渔猎为主要生产方式的原始社会，人类就逐步认识了一些与人类关系密切的动物的生活习性及身体结构，继而尝试饲养驯化有益的动物，防治有害的动物，积累了一些动物知识。在 4 700 年以前我国殷商的甲骨文中，已经可以辨认出许多兽、鸟、鱼、虫等字。2 000 多年后，古希腊伟大的科学家亚里士多德在他的著作中系统描述了几百种动物，他也因此被誉为“动物学之父”。

公元前 384 年，亚里士多德出生在古希腊斯塔吉拉城。他的父亲是马其顿国王腓力二世的御医，亚里士多德从孩提时代起，就被父亲诱导去观察许多复杂的生命现象。17 岁时，亚里士多德进入了当时最著名的哲学家柏拉图主持的雅典学园，在此后将近 20 年的时间里，他一直在雅典柏拉图的学园里勤奋攻读，成为了古代希腊哲学三大权威之一。这以后，亚里士多德自己创立了一个新的哲学学派。由于他和他的学生经常是在雅典幽静的吕克昂花园里散步时边观察边学习，因此他的学派被人们戏称为“逍遥学派”。

亚里士多德特别喜欢亲自动手去做实验，并善于进行深入的分析研究。一次，他把同一天下的20个鸡蛋放到母鸡身下去孵化。每天，他从孵蛋的母鸡身下拿出一个鸡蛋，把它敲开，记录下观察到的情况。这样，一天天加起来，他就有了一套从鸡蛋到雏鸡的发展变化的完整记录。

公元前343—前340年，德高望重且学识渊博的亚里士多德担任了马其顿国王亚历山大大帝的老师。在此期间，亚历山大大帝曾通令全国，凡是猎手和渔夫抓到稀奇古怪的动物，都要送到亚里士多德那里，由他带领学生进行解剖，开展生物学研究。亚里士多德至少解剖过50种不同类型的动物，从而弄清了它们各不相同的外部形态和内部结构。在这个过程中，亚里士多德发现一条规律：动物进化越高级，它的生理机构也就越复杂。

亚里士多德在很多方面都有着很高的成就，但他最有价值的科学贡献是在动物学和解剖学方面。作为一位当之无愧的伟大生物学家，亚里士多德对奇妙的生物世界进行了大量调查，为后人留下了《动物志》《论动物的结构》《论动物的发生》《论动物的活动》和《论动物的迁移》5部著作。在《动物志》一书中，亚里士多德认为动物学应该分为三部分：一是关于动物的记录，讨论动物生命的一般现象，这应该称为“动物自然史”；二是论述动物各个部分的器官和机能，属于“解剖学”和“普通生理学”；三是论述动物的生殖，属于“胚胎学”。此外，亚里士多德还把540多种动物，按照它们的不同形态和结构特征，划分为11大类，写入了《动物志》中，从而开创了人类首次对动物进行详细分类的先河。在对动物的分类过程中，亚里士多德发现了有血动物和无血动物的区别。因而他把动物分成了两个大类：有血动物——哺乳类、鸟类、爬行类、鲸和鱼类；无血动物——软体类、甲壳类、斧足类和昆虫类。

亚里士多德生物学方面的著作随着年代的推移越来越显示出其价值。书中有的记载直到近几百年才被重新发现和证实。例如，关于鲸鱼是胎生的哺乳动物的论述，关于软骨鱼和有骨鱼的区分都是极为精彩的内容。他还从哲学的角度，断言“没有一个动物同时长有长牙和长有角的”。因为“自然不会做那些多余的事”。他认为反刍动物之所以有一个复杂的胃是因为它们的牙齿很差劲。另外，亚里士多德还曾注意到这样的一个有趣的遗传现象：“有一个白种人的女子嫁给一个黑种人，他们的子女是白色的，但到了孙儿那一代中，却又有黑色的了。那么，他们白色的子女中，如何藏着黑色的血统呢?”这个问题一直到 2 000 多年后，人们才在孟德尔所创立的遗传基本规律中找到了答案。

20 世纪 80 年代，德国数十位教授和博士共同编著了《世界著名生物学家传记》一书，概述了世界上 57 位著名生物学家的生平和贡献，书中第一位介绍的就是亚里士多德。

智慧人生

亚里士多德对世界的贡献是多方面的，他能取得这样的成就，主要原因就是他喜欢“刨根问底”。他并不满足于仅仅提出“怎样”的问题，而且还提出“为什么”的问题。他认为应该通过实验和逻辑分析，得出自己的结论。这在当时是个大胆的主张，对后来人也具有重要的启示作用。

卡文迪许与“电鱼”

植物和动物都是生物。生物体内的生命活动，有些会产生电场和电流，叫做生物电。不过生物电的电压很低、电流很弱，要用精密仪器才能测量到，因此生物电直到1786年才由英国科学家卡文迪许首先发现。

要说生物电的发现，首先要提到两千多年前古罗马帝国流行的一种奇怪的治病方法：当时，当一个人痛风发作时，医生会把病人带到海边潮湿沙滩上，在病人脚底放一条黑色大鱼，此时病人就会感到脚底发麻，一直麻到膝盖为止，如此反复进行，可以治愈疾病。据说此法曾治好许多达官贵人的病。长期以来，谁也没有去深究这里头到底有什么奥秘。岁月静静地流逝，这种奇特的治病方法渐渐地被人们遗忘了，直到1 000多年后才引起了英国大科学家卡文迪许的注意。

卡文迪许的父亲是英国公爵的后裔，他的母亲喜欢法国的气候，所以搬到法国来居住。1731年，卡文迪许生于法国的尼斯。1753年，年轻的卡文迪许去巴黎留学，主要研究物理学和数学。回国后，在伦敦的一家私人实验室里从事科学研究。1787年卡文迪许父亲去世后，他得到了一大笔财产。不久他的一位姑母逝世，又留给他一大笔遗产。所以卡文迪许非常富有，是英国屈指可数的富翁。但他醉心于科学研究，不好交际，不善言谈，终生未婚，一生都是在实验室和图书馆中度过的。

卡文迪许酷爱图书，他把自己收藏的大量图书，分门别类地编上号，管理得井井有条。1758年的一天，忙了一整天的卡文迪许独自待在书房里，拿起一本书翻阅起来。说来也巧，他正好看到关于古罗马时代科学文化的书中，记载了 2 000 多年前风行一时的用大黑鱼治病的方法。善于思考的卡文迪许马上想到：奇怪，为什么当病人的腿触到大黑鱼时，会有发麻的感觉呢？

在 18 世纪初期，随着电动机和电池的发明，人们已经知道了“电”。卡文迪许清楚，当人体碰到电时，就会产生发麻的感觉。这时，他心里闪过一个念头：难道这大黑鱼身上带电？想到这里，卡文迪许兴奋起来。可是，他转念一想，要是大黑鱼本身带电，那它自己受得了吗？再说，还从未听说动物会带电呀。

卡文迪许设法弄到了这种大黑鱼，把它埋在潮湿的沙滩里。然后，他在这条鱼上面接上一个莱顿瓶。果然，莱顿瓶冒出了火花。“大黑鱼身上的确带电”，卡文迪许大为惊讶，他给大黑鱼取名为“电鲼”。就这样，卡文迪许第一次用科学的方法证明了生物电的存在。

后来的科学家又进一步解剖电鳗、电鳐等电鱼，发现所有能放电的鱼类的头部两侧的皮肤里均有一个由纤维组织所构成并与神经组织相连接的蜂窝状“发电器”。可别小看这种发电器，它的放电本领可不小。在世界上目前已知的 500 多种电鱼中，放电能力最强的是电鳐、电鲶和电鳗。中等大小的电鳐能产生 70 伏左右的电压，非洲电鳐产生的电压高达 200 伏，非洲电鲶能产生 350 伏的电压，电鳗能产生 500 伏的电压。有一种南美洲电鳗竟能产生高达 880 伏的电压，称得上是电击冠军。现在，电鱼已经引起了科学家的注意，如果能成功地模仿它们的发电器官，那么，船舶和潜水艇等的动力问题便能得到很好的解决。

智慧人生

天才是1%的灵感加上99%的努力。卡文迪许为了进行科学研究，不仅把客厅改成了实验室，并且在卧室的床边都安装了许多实验仪器。人们就是通过卡文迪许留下的大量的实验记录了解了他在电学、化学等方面的精辟见解，这大大促进了同代人和后代人在这些方向上取得重大的突破。

伽伐尼与蛙腿实验

1786 年，英国科学家卡文迪许在“电鱼”身上发现了生物电，但是他并没有继续研究下去。真正对生物电进行研究，并为之命名的是与卡文迪许同时期的意大利科学家伽伐尼。

伽伐尼 1737 年生于意大利的波洛尼亚。他从小接受正规教育，1756 年进入波洛尼亚大学学习医学和哲学。1759 年从医，开展解剖学研究，还在大学开设医学讲座。1766 年，伽伐尼任大学解剖学陈列室示教教师。此后，他开始了蛙腿肌肉运动的解剖学研究。

1786 年的一天，伽伐尼指导学生解剖。有一位调皮的学生没有认真地做实验，反倒对旁边的起电机发生了兴趣，他趁教授不注意的时候摇起了起电机，突然啪的一声起电机和盛蛙腿的铜盘打出一个大火花，把这个学生吓了一跳。伽伐尼和同学们都转过身来，但是此时一个更奇怪的现象引起了大家的注意，摆在金属盘里的蛙腿随着电击抽动了一下。教授的眼睛瞪大了，他顾不上批评这位淘气的学生，而让他重新摇动起电机，全体同学都注视着那个蛙腿，啪的一声铜盘上又打出一个大火花，蛙腿随着电击又抽动了一下。

为了掌握青蛙抽搐的规律，伽伐尼安排了一系列实验。起先他只用刀尖触青蛙神经，然后只让起电机打电火花，都不能使蛙腿抽搐。接着，伽伐尼把青蛙用铜钩子挂在花园的铁栏杆上，结果发现在闪电来临时，青蛙也会抽搐。伽伐尼又把青蛙放在铁桌上，用铜钩子碰青蛙腿，只要铜钩子另一端触及桌面，即使没有任何其他带电体在场，蛙腿也会抽搐。这是为什么呢？伽伐尼百思而不得其解。

几乎与伽伐尼进行蛙腿实验同时，英国科学家卡文迪许发现了可以放电的电鱼。几年后，一艘英国船从南美把几条电鳗带到了伦敦，放养在了水族馆里。这种带电的鱼引起了市民们的极大兴趣，有人去摸鱼的头部，尝到了攻击的滋味，这种滋味与莱顿瓶放电时给人的电击是一样的。后来，有位科学家让电鳗给莱顿瓶充了电，从此大家都相信了电鳗的攻击是一种动物放电现象。消息传到意大利，伽伐尼顿觉眼前一亮，他立刻意识到，蛙腿颤动的原因并不是起电机放电，也不是大气放电，而是在于青蛙体内本身就储藏着电。

1791年，伽伐尼发表了题为《肌肉运动中的电力》，正式提出了在当时轰动一时的“生物电”论断：在动物体内存在着某种电，如果使神经和肌肉与两种不同的金属接触，再使这两种金属相接触，这种电就会被激发出来，所以这很可能是从神经传到肌肉的特殊的电流质引起的“动物电”。每根肌纤维就是一个小电容器，放电时便产生收缩。

伽伐尼的研究成果立即受到了欧洲学术界的关注，有人推崇说这是科技史上一件有意义的大发现。然而，一位名叫伏打的意大利物理学家并不认同伽伐尼的观点，在用青蛙体进行了几个月的实验、观察之后，伏打提出了一种新的论断。他认为蛙腿本身不放电，而是外来电使蛙腿神经兴奋产生抽搐，蛙腿只是起了个电流计的作用而已，电的真正来源是铜和铁两种金属的接触。

为了证实自己的观点，伏打只用一种金属来替换伽伐尼实验中的铜钩和铁杆，结果蛙腿一点儿也不会颤动。于是伏打认为伽伐尼在实验里发现的电流不应该叫“动物电”，而应该叫“金属电”或者“接触电”。伏打的观点得到了电学家们的支持，而伽伐尼的学说得到了生理学家们的赞同，这两种学说之间的争论一直在进行着。后来伏打进一步实验，他把若干银圆片、锌圆片和用电解液浸湿的布圆片依次叠加在一起，组成一个电堆，由于两种不同金属和布片中的电解液发生化学作用产生了连续的电流。这个电堆就是现代电池的原形。从此，更多的人对“动物电”的说法产生了怀疑。

伽伐尼在晚年因拒绝效忠拿破仑支持的傀儡政权，被革去教职和其他职务。1798 年 12 月 4 日，61 岁的伽伐尼在贫病交加中去世。81 年后，医学家第一次用仪器描记出了心电图，证明心脏是人体内最强的发电机，从那以后人们再不怀疑生物电的存在，而且确认任何生物体中都有生物电。至此，伽伐尼的学说才再次显示出真理的光辉。

智慧人生

兴趣是学习的动力和灵感的源泉。伽伐尼的一次偶然发现，激发了他对生物电的研究兴趣以及更多人的关注，人类从此打开了一扇崭新的科学研究领域的大门。随着研究的深入，今天，生物电已经成为一项专门的科学并在很多方面造福了人类。

细胞学创立者施旺

细胞学说是19世纪自然科学三大发现之一，它的创立者是两位德国科学家——施莱登和施旺，其中，施旺是世界上第一个发现动物细胞的人。

施旺1810年12月7日生于莱茵河畔的诺伊斯。父亲是当地的一个金匠。施旺在少年时代具有良好的品行，勤奋而谦虚。由于对外部世界缺乏兴趣，又由于性格内向而缺乏自信，施旺醉心于学习，并对宗教具有强烈的兴趣。他的各门功课的成绩名列前茅，尤其在数学和物理方面更显示出天分。

1826年，施旺告别故乡，进入了科隆著名的耶稣教会学院。在那里，施旺受一位卓越的宗教老师斯麦特的影响，培养了接受新事物的能力。斯麦特关于人与自然的奇特现象的描述和论说，使施旺认识到人类发展的规律正是通过自身完美的过程来体现的。为了论证这一规律，他后来便放弃了神学，转而从事医学方面的研究。1829年，施旺在科隆毕业后，违背父母要他学习神学的愿望，执意去学医。这一年，他进入波恩大学学习。1831年，他获得了医学学士学位。就在这段时间里，施旺不仅聆听了著名科学家弥勒的生理学课程，而且有幸在弥勒实验室暂当助手。

1831年秋，施旺到了维尔茨堡，学习了三个学期的医学临床课。1833年4月，他离开了维尔茨堡回到了柏林，专门听弥勒讲授解剖生理学。1834年5月31日，施旺荣获医学博士学位，并在同年7月26日通过国家级考试，正式成为弥勒的助手。从此，施旺把他所有的时间和精力都投入到了弥勒的实验研究中。他在弥勒的指导下，对较多的学术领域发生了兴趣，他曾研究过组织学、生理学、微生物学，并做出了不少贡献。

1837年，施旺在柏林有幸结识了当时著名的植物学家施莱登。尽管两个人性格不同，宗教信仰也有差异，但他们在某些科学观点上完全一致。不久后，两人成了好朋友。一年后，施莱登提出了他的植物细胞学说，施旺将这种观点扩展到动物，立刻着手证明动物细胞中细胞核的存在。他首先选用的材料是动物的脊索细胞和软骨细胞，因为它们的结构与植物的细胞壁相似。他如愿地观察到了细胞核。此后，他又研究了许多其他种类的动物细胞。在当时的条件下，观察动物细胞远比观察植物细胞要困难得多，因为动物细胞有些非常小，通常都很透明，不宜观察。尽管如此，施旺还是证明了在众多动物的组织形态中，都有细胞核的身影。

1839年，施旺出版了《动植物的结构和生长一致性的显微研究》一书，提出了他从动物科学的角度得出的细胞学说：细胞是构成动物的基本单位，动物细胞的基本构成大体相同。虽然不同动物细胞的作用不一定相同，但各种细胞的形成是相似的。动物和植物一样，也是由细胞组成的；动物细胞和植物细胞一样，都含有细胞膜、细胞内含物和细胞核。细胞学说提出后不久就被人们广泛接受了，如今，它已成为生物学最重要的概念之一。

施旺还研究过发酵，指出糖的发酵是活酵母细胞生命活动的结果。后来，他又创造了“新陈代谢”一词，以表示活组织中的化学变化。他的发酵研究遭到了德国化学家乌勒和李比希的攻击，使他不得不在细胞学说提出后不久便离开德国，到比利时的大学中担任解剖学教授。十几年后，法国微生物学家巴斯德的发酵研究成功后，施旺的观点得到公认。后来，相继有8所德国著名大学以优越的待遇邀请他回国任教，都被他一一回绝。施旺过于内向，他不愿意在德国的大学中担任教授的原因是他不愿在公开场合抛头露面，与其他学者面对面地辩论，所以最终他还是选择在宁静的异国他乡度过余生。1882 年，施旺因中风逝世。

智慧人生

内向的施旺虽然没有勇气和别人唇枪舌剑，但他勤奋、严谨、求真、创新的科学态度和巨大的科学贡献，让他在科学界占有重要的地位。他对动物细胞的研究和提出的理论，有力地推动了生物学的发展，为现代细胞学说的建立做出了重要贡献。

恐龙研究专家曼特尔

恐龙类动物出现在距今约 2.25 亿年的三叠纪，经过侏罗纪，消失于距今约 6 500 万年的白垩纪，前前后后有着 1.5 亿年的历史。但人类直到相当晚的时候才知道有过恐龙的存在。人类发现恐龙是从研究恐龙化石开始的。世界上最早发现恐龙化石并加以研究的人，是英国的乡村医生曼特尔。

“化石”这个词原来字面的意思是指“挖出来的东西”，而现在指的是石化了的生物的遗留部分。19 世纪以来，研究岩石中的动物、植物化石并解释它们存在的一门特殊科学已经发展起来，这门介于生物学和地质学之间的学科，被称为古生物学。当时，经过与宗教和迷信的长期斗争，人们对于化石的本质有了较正确的认识，但那时候许多古生物学家还是“业余”的，曼特尔就是其中的一个。

曼特尔的家在英国南部的刘易斯。他的主要职业是乡村医生，但他和他的妻子都爱好收集化石标本。1822 年 3 月的一个早晨，曼特尔到农村为病人看病，因为在病人家里耽误的时间过久，他的妻子就去接他。在一条新修的公路行走时，她发现新劈开的岩面上有一些具有特别光泽的东西。她仔细观察后，认出来是一些动物的牙齿化石，于是她小心翼翼地把化石包好，交给了一路回家的曼特尔。曼特尔根据牙冠被磨光的斜面判断，很像是某种大型“厚皮兽类”已经磨损的门齿的一部分。曼特尔医生追踪找到了出产这批化石的采石场，他希望能找到这种兽类的其他部分的骨骼化石，但未能成功。

这种牙齿化石出现在白垩纪铁砂组的岩层中，这使研究化石的专家们感到很惊异，因为这个地层太古老了。当时认为，在这个地层中根本不可能有哺乳动物的化石。作为一名科学家，曼特尔对这种与当时传统观念不符合的发现持慎重态度，他希望在正式展示他的发现之前，多听听同行的意见，更希望得到著名专家的指点和支持。在伦敦召开的一次学术会议上，曼特尔把他发现的牙齿化石给三位著名的专家看，但这三位专家的回答使曼特尔失望。他们断言他的发现“没有什么特别的意义”。曼特尔并不甘心，他把一颗牙齿化石送到巴黎，请当时负有盛名的解剖学家居维叶作鉴定，居维叶给他的答复说：“这是犀牛的一颗上牙。”

由于权威人士的断然否定，曼特尔明智地推迟了自己著作的发表时间。他把自己发现的牙齿化石带到了伦敦一家博物馆，与馆藏的各种化石标本进行了比较，结果未能找到与他发现的牙齿化石类似的标本。帮助曼特尔进行研究的一位青年科学家发现曼特尔找到的牙齿化石与他正在研究的中美洲生存的一种名叫大鬣蜥的牙齿很相似。普通的大鬣蜥只有约 1.2 米长，按牙齿的比例类推，曼特尔发现的“大蜥蜴”体长可达 12 米，显然这是一种已经灭绝了的巨大的食草爬行动物。

曼特尔将这种动物命名为“禽龙”。1825 年，他在英国皇家学会会刊发表的一篇简报中，报道了关于禽龙化石的发现，这篇文章可以说是第一篇正式发表的关于恐龙的论文。后来在英国、比利时等地都发现了完整的禽龙化石骨架。禽龙成为首次发现的恐龙，乡村医生曼特尔成为第一位恐龙的研究者。

禽龙的发现吸引着人们以极大的兴趣去探索恐龙世界的秘密。之后，恐龙之类的化石又陆续有所发现。1842 年，英国古生物学家欧文为了说明在中生代地层中发现的陆栖的大型爬行动物，首先创造了“恐龙”这一名称。该词的意思是“恐怖的蜥蜴”，因为中国一向有关于“龙”的传说，所以译为“恐龙”了。

智慧人生

曼特尔首次发现者和研究恐龙至少给我们两点启示：第一，“兴趣是最好的老师”，曼特尔的发现绝不是偶然的，因为他对化石研究有着极其浓厚的兴趣；第二，对科学上的名人我们应该尊重而不迷信。正是因为坚持了这一点，曼特尔才有可能成为第一位恐龙的发现者和研究者。

解剖学创始人居维叶

18 世纪晚期到 19 世纪初，从各时代地层中发现了大量各种形态的生物化石，这些化石与现代生物既相似又不同，表明地球历史上生存过许多现今不再存在的物种。《圣经》不能解释这些物种绝灭的原因，为了解释古生物学的发现而又不违背《圣经》，于是有了“灾变论”。这个理论的代表人物是法国地质学家、古生物学家居维叶。

居维叶 1789 年出生于法国的一个富有之家，他从小受良好的教育。12 岁时开始学习博物学，表现出顽强的阅读能力和惊人的记忆力。14 岁便上了大学，27 岁时，居维叶就当选为法国科学院院士。居维叶的科学生涯最活跃的时代，正是法国拿破仑王朝的全盛时期。居维叶深受拿破仑的器重，先后担任过教育委员会主席、巴黎大学校长，是一个身兼要职的科学家。

早在居维叶当教授的时候，他就发表了《比较解剖学讲义》，提出了“器官相关”和“生物肢体对比”原则，为比较解剖学奠定了理论基础。他认为生物的某一机体都是整个机体的组成部分，取任何一部分机体，甚或一小块骨头，都可再造出未知的整个机体的骨骼和形态，并进而可推断出这种动物的生存条件、生活习性、周围气候以及古地理环境。居维叶后来将这一规律应用于绝迹动物的化石遗骸研究。一天，一位工人送来了一块乳齿象化石，这块化石是从环绕巴黎的塞纳河流域的一个采石坑里采到的。居维叶一下子就发现，这种古老的乳齿象与现代的亚洲象和非洲象截然不同。一起发现的还有许多其他的大型哺乳动物化石，如犀牛和河马等，这些动物在法国早已灭绝了，但是在非洲和亚洲的热带地区还有它们活着的近亲。几年后，在同一地区的一个石膏矿中，又一批哺乳动物化石被发掘出来，但是这一次产化石的地层层位与前次不同。将这些化石骨骼组合在一起之后，居维叶发现它们与现代生物的特征都不尽相同。后来，居维叶又在巴黎盆地周围更加古老的岩层中发现了奇形怪状的恐龙化石。根据这些发现，居维叶确定巴黎盆地至少有4个不同时代的动物群，即恐龙动物群、灭绝的哺乳动物群、乳齿象动物群和现代陆生动物群。此前，居维叶曾经研究过从埃及古墓中发现的植物标本和动物的木乃伊，而这些植物标本和木乃伊与现代生活的动植物没有什么差别。根据基督教的传统时间尺度，埃及是上帝创世纪之后不久建立起来的一个国家。因此，居维叶认为，既然在《圣经》以来的几千年中生物面貌并没有发生多大的变化，那么就没有理由设想上帝创造的原始生物发生过大的变化。由此居维叶推论，巴黎盆地采集到的这些化石只能是生活在上帝“创世纪”之前的生物，5 000～6 000年前，世界范围内出现了大洪水，导致了这些生物的灭绝，这是上帝在为人类清理舞台。1812年，居维叶出版了《四蹄动物化石骸骨的研究》一书，第一次提出了“灾变论”。

根据灾变论的观点，地球上的绝大多数变化是突然、迅速和灾难性地发生的。居维叶认为，在整个地质发展的过程中，地球经常发生各种突如其来的灾害性变化，并且有的灾害是具有很大规模的。例如，海洋干涸成陆地，陆地又隆起山脉，反过来陆地也可以下沉为海洋，还有火山爆发、洪水泛滥、气候急剧变化等。当洪水泛滥之时，大地的景象都发生了变化，许多生物遭到灭顶之灾。每当经过一次巨大的灾害性变化，就会使几乎所有的生物灭绝。这些灭绝的生物就沉积在相应的地层里，并变成化石而被保存下来。这时，造物主又重新创造出新的物种，使地球又重新恢复了生机。原来地球上有多少物种，每个物种都具有什么样的形态和结构，造物主已不记得十分准确了。所以造物主只是根据原来的大致印象来创造新的物种。这也就是新的物种和旧的物种有少许差别的原因。如此循环的往复，就构成了我们在各个地层看到的情况。居维叶推断，地球上已发生过 4 次灾害性的变化，最近的一次是距今 5 000 多年前的洪水泛滥。这使地球上生物几乎荡尽，因而上帝又重新创造出各个物种。

灾变论提出后，大大推动了地质学、古生物学的发展，引起了地质学的空前繁荣，但居维叶却未能发现动物进化的事实，甚至还极力反对动物进化论。这是因为他发现古代生物与现在的相应物种的骨架完全一样，这说明生物经历了 4 000 多年都没有发生变化，他因此认定生物是不会进化的。

尽管灾变说在当时取得了统治的地位。但居维叶的理论受到了一些生物学家，特别是主张进化学说的拉马克和圣提雷尔的批评。在 1830 年召开的一次法国科学院的会议上，圣提雷尔同居维叶进行了一场持续 6 周的激烈辩论。这场辩论在法国乃至欧洲都引起了人们的关注，当时的报纸和一些宣传机构都对此进行了报道。居维叶当时是拿破仑的大红人，由于这层微妙的关系，居维叶最终获得了胜利。

居维叶生前的影响遍及西方世界，在比较解剖学、古生物学方面的确取得了非常高的成就，被当时的人们誉为“第二个亚里士多德”。

知识链接

20 世纪，恩格斯在《自然辩证法》一书中对居维叶的灾变论提出了严厉的批判。尽管居维叶反对生物进化论，但他正确地提出了物种自然绝灭的概念，并论证了现存种类与绝灭种类之间在形态上和“亲缘”上的相互联系，在客观上为生物进化论提供了科学的证据。

法国博物学家拉马克

19 世纪初，就在法国大科学家居维叶的“灾变论”大行其道的时候，一位生物学家提出了“生物是进化”的学说，坚决反对“灾变论”，他就是被后人认为是生物进化学说伟大先驱的拉马克。

拉马克 1744 年出生在法国北部的一个没落的贵族家庭。他 17 岁时入伍并上了战场，两年后因受伤及战争结束而退役。此后，拉马克在巴黎的一家银行当了个小职员。在积蓄了一些钱后，他进入了巴黎医学院学习医学。就是在这个时候，拉马克对植物学产生了特殊爱好，开始潜心钻研各种植物学知识。1768 年，拉马克结识了当时法国著名的思想家卢梭。卢梭经常带他到自己的研究室里去参观，并向他介绍许多科学研究的经验和方法，使拉马克由一个兴趣广泛的青年，变得专注于生物学的研究了。后来，拉马克又被当时著名的博物学家布丰看中，聘他做了自己儿子的家庭教师和旅游伴侣，这使拉马克有机会游历了意大利和欧洲其他国家。1788 年，身为皇家植物园主任的布丰为拉马克在自然博物馆的植物部谋取了一个助手职务。拉马克在那里一直工作了 5 年。

拉马克兴趣非常广泛，在研究植物学的同时又开始研究动物学。1793 年，法国将皇家植物园改组为法国国立自然历史博物馆，50 岁的拉马克被聘请去做了动物学教授。拉马克的研究对象不仅有活的动物，而且还有古代化石。当时的生物界一直认为动物是不可能变的，生出来是什么样，就一直保持原样。通过大量化石和近代生物系统分类研究，拉马克越来越坚定地认识到，生物经历了一个从简单到复杂、从低级到高级的进化过程，物种不是像《圣经》中说的那样是由上帝创造的，物种是变化的。

1801年，拉马克完成了《无脊椎动物的系统》一书，这是他在博物院辛勤劳动8年时光的结晶。全书共分7册，在书的前言中第一次阐述了他的生物进化思想，系统地论述了环境对有机体变异发生的影响。

1809年，拉马克的代表作《动物学哲学》问世了。在这本书中，他系统地提出了被后人称为“拉马克学说”的动物进化学说。他大胆地提出人类起源于高级猿类，以后环境的变化，使猿直立行走，才变成了人类现在的“两手类”。他提出了动物器官在没有达到发育限度前，使用得越是频繁，越能得到加强、发展，并逐渐增大；反之，某一器官不常使用，就会削弱和衰退，其能力亦逐渐减弱，甚至器官完全退化，这就是著名的“用进废退”法则。拉马克的第二法则是“获得性遗传”，即在自然环境影响下，这种“用进废退”的变异能通过繁殖而遗传给下一代个体。在著名的长颈鹿例子中，拉马克是这么解释长颈鹿的长颈由来的：长颈鹿的祖先经常伸长了脖子去吃树高处的叶子，脖子受到了锻炼，变长了（用进废退），而这一点可以遗传并得到加强，因此其后代就要比父母的脖子长一些（获得性遗传），经过一代又一代，长颈鹿脖子就越来越长。除了长颈鹿的例子外，拉马克认为鲸和鸟类没有牙齿，是它们吃东西时不加咀嚼就咽下去的结果。

由于拉马克的生物进化说与宗教的教义相违背，立即遭到了各方面的强烈反对。在学术界，一些保守势力贬低拉马克的研究成果，对他进行围攻。以居维叶为首的物种不变论者与拉马克展开了一场生物史上的大争论。居维叶提出，按照拉马克的理论，各种类型的动物之间应该有些过渡类型，才能说明生物逐渐变化的过程。但在拉马克那个时代，古生物化石的研究还很零散，拿不出多少证据来证实生物变化这个学说。而且由于当时生产水平和科学水平的限制，拉马克在说明进化原因时，把环境对于生物体的直接作用以及获得性状遗传给后代的过程过于简单化了，成为缺乏科学依据的一种推论，并错误地认为生物天生具有向上发展的趋向，以及动物的意志和欲望也在进化中发生作用。所以争论的最后结果是当时的人们没有接受拉马克的思想，居维叶的物种不变理论继续统治生物界。

面对这些反对声，拉马克没有被压倒，依旧顽强地进行着研究和写作。由于长期使用显微镜，用眼过度，他的双眼终于什么也看不到了，病魔也缠上了这位老人。他把女儿叫来，开始口述他那超越时代的生物学思想，让她一字一句记录下来。他的又一部伟大著作——《无脊椎动物自然史》——的第 6 卷后半部分和整个第 7 卷就是在这样的情况下完成的。

1829 年 12 月 18 日，拉马克逝世了，终年 85 岁。80 年后，在纪念拉马克的名著《动物学哲学》出版 100 周年之际，巴黎植物园为拉马克建立了纪念碑，让人们永远缅怀这位伟大的进化论的倡导者和先驱。

知识链接

1859 年，也就是拉马克去世整整 30 年后，达尔文的《物种起源》出版。人们公认，拉马克为达尔文的科学进化论的诞生奠定了基础，他的《动物学哲学》和达尔文的《物种起源》被认为是现代进化论思想的两大源泉。

达尔文与“进化论”

1859 年 11 月 24 日，英国伦敦众多市民涌向一家书店，争相购买一本刚出版的新书。这本书的第一版 1 250 册在上市当天就全部卖完了。这本轰动一时的新书就是《物种起源》，它的作者是英国伟大的博物学家查理·达尔文。

达尔文 1809 年 2 月生于英国希罗普郡。当达尔文还是一名似乎很平庸的中学生的时候，他更像一个游手好闲的纨绔子弟。他的父亲有一次指责他说：“你除了打猎、玩狗、抓老鼠，别的什么都不管，你将会是你自己和整个家庭的耻辱。”为了让达尔文尽快走上正轨，在达尔文 16 岁那年，他父亲让他提前两年从寄宿学校退学，和哥哥一起去了爱丁堡大学学医。爱丁堡大学有当时英国最好的医学院，达尔文的祖父、父亲都曾在那里学习，后来都成了名医。达尔文父亲指望达尔文能延续家族传统。可惜，达尔文对医学毫无兴趣，他更喜欢帮助大学博物馆采集植物标本，跟随动物学教授研究海洋无脊椎动物。两年之后，达尔文的父亲终于明白无法让儿子继承衣钵，于是就让达尔文进了剑桥大学学神学。但达尔文仍然把大部分时间用在听自然科学讲座上，自学了大量的自然科学书籍。他热心于收集甲虫等动植物标本，对神秘的大自然充满了浓厚的兴趣。

1831 年，达尔文从剑桥大学毕业。他放弃了待遇丰厚的牧师职业，依然热衷于自己的自然科学研究并梦想能有机会到热带地区做博物学研究。没想到这个机会很快来了。这一年的8月，他从威尔士考察回来，收到剑桥大学植物学教授亨斯楼给他的一封信，让他赶快申请当“贝格尔号”的博物学家。当时英国海军计划派“贝格尔号”到南美海域考察，制作海图。“贝格尔号”船长担心旅途寂寞，因此他希望旅途中能有一名博物学家做伴。就是凭着这个偶然的机会，达尔文自费搭船，开始了改变他一生命运的事业之旅。

“贝格尔号”于1831年12月27日扬帆起航，绕地球一圈。在这次历时5年的旅程中，达尔文沿途考察地质、植物和动物，采集了无数标本运回英国，还未回国就已在科学界出了名。一次，在阿根廷中部东海岸附近的一个小平原的断层中，达尔文发现了许多古代陆生动物的化石，经过3小时的挖掘，他终于挖出了一块巨大的动物头骨。一年后，达尔文再度来到这里，又发掘出更多巨大的动物化石。他初步鉴定后，将化石寄回英国。经英国动物学家欧文甄别，化石中有4件是距今约3 000万年的树獭科动物化石，与现在仍然生活在南美的树獭相似，是一种贫齿目的四足兽。从化石看，这种动物的骨质外壳像现代动物犰狳的背甲。还有一种巨大的箭齿兽化石，身体各部分与现代几种动物极为相似，它有象的躯干，兔的牙齿，海牛的眼、鼻、耳。达尔文对此十分惊诧：“现代的几个彼此分得很清楚的目竟能在箭齿兽的身体构造的各个不同部位上互相混合在一起，这是一件多么使人奇怪的事情。”于是，达尔文对《圣经》上说的一切生物都是由上帝一次创造出来的说法有了怀疑。他开始探究地球上新的生物第一次出现和演化的问题，这是一个一切秘密当中的秘密。此时，达尔文头脑中已归纳了许多问题，他在南美的大量调查和观察逐渐奠定了进化论的基础。

1836年10月2日，达尔文结束旅行回到了家乡。这5年的见识，让达尔文从一名正统的基督徒变成了无神论者。此后，他一面整理这些资料，思考生物的起源问题，一面又深入实践，为他的生物进化理论寻找根据。1859年11月，达尔文经过20多年研究而写成的科学巨著——《物种起源》——终于出版了。在这部书里，达尔文提出了一个又一个令人震惊的论断：形形色色的生物都不是上帝创造的，生命只有一个祖先，因为生命都起源于一个原始细胞的开端；生物是从简单到复杂，从低级到高级逐步发展而来的，生物在进化中不断地进行着生存斗争，进行着自然选择；人类的悠久家史并不比猪、狗"高贵"多少，人类也是起源于"某些原始细胞"，后来逐渐进化，变成了鱼、两栖动物、哺乳动物，再经过进化才变成了类人猿和今天的人类。后来，达尔文又完成了第二部巨著《动物和植物在家养下的变异》，以不可争辩的事实和严谨的科学论断，进一步阐述他的进化论观点，提出物种的变异和遗传、生物的生存斗争和自然选择的重要论点。

《物种起源》一书出版后，生物普遍进化的思想以及物竞天择、适者生存的进化机制成为了学术界、思想界的公论。由此，达尔文的生物进化论被称为19世纪自然科学的三大发现之一。如今，《物种起源》所提及的许多观点已成为人尽皆知的常识。

智慧人生

美国第一任总统华盛顿有句名言："如果你没有决心把一件事做到底，那你一开始就不应该做它。"达尔文历尽千辛万苦，用22年时间完成《物种起源》这部伟大著作的故事告诉我们，成功是无法轻易获得的，在做每一件事之前，你都应该深刻地问自己能不能坚持下去。

动物地理学奠基人华莱士

我们知道,《物种起源》是进化论奠基人达尔文的经典著作,这是他根据自己在环球科学考察中积累的资料编著的。其实,就在达尔文研究生物进化的时候,一位比他小 14 岁的年轻人也曾走过了和达尔文相似的科学考察之路并提出了同样的结论,他就是英国著名博物学家华莱士。

华莱士 1823 年生于英国的威尔士蒙默斯郡乌斯克,由于家境贫困,华莱士没有进过大学,中学毕业即跟随哥哥从事土地测量和建筑工作,这使他较早较多地直接涉足自然界。1848 年 4 月,华莱士和昆虫学家贝茨乘船去南美亚马逊河和里奥·内格罗河流域一带进行科学考察,研究热带地区的自然史。在为期 4 年的考察中,华莱士历尽艰险搜集了很多标本和资料。但在归来途中,所乘轮船不幸起火,沉没于大西洋中,华莱士险些丧命,资料、标本丧失殆尽。凭着顽强的毅力和不屈不挠的精神,华莱士于 1853 年写成了《亚马逊河和里奥·内格罗河流域巡礼》一书,详尽地记录描述了亚马逊河、里奥·内格罗河流域的气候、地理风貌以及生物的物种、形态和生活。

1854 年华莱士又去马来西亚群岛进行第二次长期的科学考察,进行动植物标本的采集,探究火山、浅海、岛屿的成因及彼此间的关系,钻研各个岛上特有物种的来源和相互间的亲缘关系。为了研究物种是怎样变化的,在这次长达 3 年的考察中,华莱士前后共行走两万多千米,收集了12万多件标本。1855年，华莱士写成了《控制新种出现的规律》一文，提出了解释物种灭绝、产生、更替和进化的见解。

在考察期间，华莱士不幸患了间歇热，但他仍然没有放松对所研究问题的思考。在一次发病时，华莱士忽然受到了马尔萨斯《人口论》中曾经讲到的战争、疾病、饥荒、灾难是使人口数目保持大致不变的因素的启发，悟出了生物自然选择可以作为其进化机制，于是华莱士立即带病整理资料写作，于1858年2月完成了《论变种无限地离开其原始模式的倾向》一文，总结出了生物“适应”“变异”“生存竞争”等重要规律。

华莱士读过达尔文的《一个植物学家的航行日记》，也和达尔文有过几次通信，讨论交流研究心得，不过两人都没有提及他们各自的独立研究并正在写作的著作的具体内容。《论变种无限地离开其原始模式的倾向》一文完成后，华莱士把它寄给了达尔文，以征求达尔文的意见。当时，达尔文通过科学考察研究生物进化已有20多年，正在着手整理堆积如山的资料。达尔文惊奇地发现，在华莱士寄来的论文中，关于物种进化的观点竟和他不谋而合，惊人地相同。后来，华莱士的这篇论文与达尔文在1844年起草的有关自然选择学说的论文摘要在1858年7月1日的林奈学会上宣读，并于同年发表于《林奈学会报》上。这就是著名的有关自然选择学说的“联合论文”，它奠定了科学进化论的基础。此后，达尔文加快了工作步伐，经过13个多月的紧张整理写作，终于完成了著名的《物种起源》一书。

在有关人类起源的问题上，华莱士持有与达尔文不同的观点。华莱士认为，人类大脑的出现从根本上改变了生物进化的性质；随着智力及文化的进步，器质性器官的形态特化和变异就不再发生了。华莱士还认识到，人与类人猿在智能方面的差距比达尔文所承认的要大得多；被达尔文看作是人与类人猿之间过渡的原始部落里的野蛮人，其固有的意识能力与文明人实际上是一样的。在这一点上，华莱士完全是正确的。

华莱士是位谦逊质朴的科学家。《物种起源》问世后，华莱士认真阅读了这本著作，认为达尔文的见解深刻透彻，于是他积极地帮助达尔文宣传生物进化理论，还创造出了“达尔文主义”这一名词。

除了提出进化论思想之外，华莱士的另一个重要成果是对动物的地理分布的研究和修正。从1854年到1862年的几年间，华莱士在马来群岛研究岛屿上的动物时，发现在龙目海峡两侧的龙目岛和巴厘岛，望加锡海峡两侧的苏拉威西岛和加里曼丹岛的动物区系有很大差异，海峡以西的巴厘岛和加里曼丹岛上的动物是典型的东洋界动物，海峡以东则出现一些西边无法见到的袋貂、葵花鹦鹉等澳洲界物种，同时物种也比西边贫乏。这条分界线后来被命名为华莱士线，代表澳洲界动物的最西界。由于创立了物种的产生和变化在空间和时间上相互关联而一致的理论，华莱士被推崇为动物地理学的奠基人。

智慧人生

只求付出，不图回报，一切从利人出发，能设身处地地谅解、忍让他人，只有这样的博大和包容，才能在人世间架起友谊的桥梁。达尔文和华莱士的友谊固然可贵，而他们宽广的胸怀和谦虚的品格更让人崇敬。

哈根贝克与他的动物园

德国汉堡有一个欧洲最大的私人动物园——哈根贝克动物园。来自世界各地的 360 个种类，共 2 500 种动物生活在 54 个自由活动的饲养区内。这里是汉堡市重要的观光景点及儿童天堂，其原因是园里的动物不是待在栅栏里面，而是与游人之间只隔着一条壕沟。设计这种壕沟的正是这个动物园的创始人——德国驯兽师卡尔·哈根贝克。

哈根贝克是一位动物商人的儿子，1866 年他继承父业，为动物园和马戏团搜集动物。哈根贝克是一个喜欢创新的人，他后来成了驯兽师，为马戏表演训练动物并组建了自己的马戏团。他把动物原生地的不同的人文背景一起融合到动物表演当中，让拉普兰人和驯鹿一起表演，让因纽特人和北极熊共同演出。19 世纪晚期，哈根贝克带着他的野生动物在欧洲巡回展出。1878 年，仅在柏林就有 62 000 多人次观看了他在当地动物园举办的巡回马戏表演。1904 年，哈根贝克的马戏团还参加了世界博览会。

成功并未让哈根贝克满足，他仍在不断摸索展示动物的新方法。为了训好动物，他在世界各地的巡回表演过程中，对动物行为学做了认真研究。1907 年，哈根贝克着手在德国汉堡附近建立一个动物园。当时，动物园已经出现了几十年，为了让人们更近距离地观察，动物被分门别类地单独关在狭小的笼子里。当时流行的户外兽栏和兽笼给动物一种身陷重围的感觉，也让它们暴露于雨雪风霜之下，能方便让更多人在任何角度欣赏它们。饲养员对动物的照顾非常简单。那时的动物笼舍就像一间洗手间，非常方便用水冲洗。

细心的哈根贝克发现，要让动物保持健康和繁殖，就要给它们提供像自然生境一样的饲养环境。于是，哈根贝克在自己的动物园里颠覆了传统的展览观念。他在动物展区的边缘巧妙设置了隐藏的壕沟，根据他训练动物的经验测试出每种动物能跳多高和多远，从而得出壕沟的宽度和高度，再利用地形或种植物的办法把壕沟隐蔽起来，让观众看不见壕沟，同时保证动物跑不出来。另外，哈根贝克还把猛兽和草食兽放在一个展区，如把狮子和斑马放在一起展览，其实也是用一道看不见的壕沟把它们分开。这样，在哈根贝克的动物园里，参观的人们不仅看到了非洲的景观，也能了解物种之间的捕食关系。哈根贝克动物园一营业就取得了惊人的成功，并由此为现代动物园的发展奠定了基础。

哈根贝克的无栅栏设计很快流传到了美国，底特律新动物园、辛辛那提动物园、布鲁克林动物园都采用了自然式展览的新概念。之后，哈根贝克的动物园建设新方法很快就在全世界被采用，并确定了相关的国际标准。直到 100 多年后，哈根贝克动物园依然在世界一流的动物园中占据着重要的一席。

现在，加入了“国际濒危物种培育计划”的哈根贝克动物园在保护濒危物种方面有着杰出的贡献。这里生活着 3 头极其罕见的中国雪豹，这种濒危的豹种在全世界只有大概 70 头。另外，这里还有全欧洲最大的猩猩群之一。在它们的故乡苏门答腊，这种神奇的物种正面临灭绝的危险。哈根贝克动物园正是通过物种再培育的办法让这种珍稀的类人猿继续在此生存下去。

智慧人生

要想成功就必须义无反顾地去探索，永不停息地去实践。最终，一次小成功就可能带来大成功。哈根贝克仅仅利用一些小技巧就让参观者看到了物种间的关系，奠定了现代动物园的雏形，就是一个很好的例子。

法布尔写《昆虫记》

1823 年 12 月 20 日，在法国南部的一个小山村里，一个小男孩呱呱坠地，来到了这个世界上。谁也没有想到，这个穷苦农民的儿子，后来会成为世界著名的科学家。他毕生与昆虫为伴，揭示了昆虫世界的种种奥秘，他就是“昆虫世界的荷马”——法布尔。

法布尔从小就痴迷于昆虫。一次，他大清早跑到一个深谷里，坐在一块岩石上观察长角穴蜂。三个妇女早上去摘葡萄，路过那儿看见了他。黄昏时，这三个妇女回家，看见法布尔仍然坐在原处一动不动，眼睛盯着一个地方。她们不明白他在干什么，认为他准是中了邪。

法布尔观察昆虫，积累了许多心得感受。但他只上了几年小学，就被迫独自谋生。他在铁路工程队当小工时，每天运石修路，因离家很远，晚上到公园去栖身。16 岁那年，法布尔靠他的勤奋努力和刻苦自学考上了免费的师范学校。法布尔做了教员后，边教书，边自学，边进行昆虫研究。学校条件不好，可是他很满足，因为附近既有森林又有海滨，这为他观察昆虫提供了便利。学校还有个图书馆，里面藏了不少书，却无人问津，因此常常关着门。法布尔像寻了宝地一样，每天从窗口爬进去，把书取出来。他用这个方法，读了一本又一本的书。通过勤奋自学，法布尔先后取得了教学学士学位、物理学学士学位、自然科学学士学位和自然科学博士学位。

在法布尔之前研究昆虫的人往往只是注重昆虫的分类、解剖和形态，而对昆虫的生活习性、性格和一生的变化研究很少。法布尔在这方面进行了精细而又持久的观察，他发现了昆虫世界中的许多奥秘。

一天清晨，法布尔看到有几百条松树毛虫列着队，从树上沿着树干向下爬，还吐出丝，铺出了一条丝路。天黑时，他见到毛虫又沿着这条丝路往回爬。他想，要是把毛虫的丝路切断会是什么样子呢？几天后，毛虫的队伍又出现了，这次它们是往一个高大的花盆上爬，等前面的毛虫刚爬到花盆顶部，法布尔就用刷子把下面的毛虫刷掉，并用布把花盆四周擦干净，不让一条丝留在上面。这时，毛虫迷失了方向，老是在花盆边上转圈，跑来跑去。法布尔守在花盆边观察了一天一夜，看到这些毛虫不知疲倦地、一圈一圈地转，只要丝路存在，它们总是认为没有迷路，只要前面有个带路的，它们也总是认为万事平安。后来，这些毛毛虫跑得太累了，精疲力竭，从花盆边滚到地上，才找到了原来的丝路回家。

通过观察，法布尔发现蜂类是才能出众的建筑师。蜜蜂建筑的蜂巢轻巧、美观、实用，一个个大小相等、容积相同的六棱柱状蜂房，排列得紧密无间。这种形状用材最少而容积最大，十分符合几何学原理和省工节材原则。而切叶蜂能从一些树叶上切下许多圆盘形和椭圆形的小片，并将它们制成蜜罐，以备产卵。产卵后，切叶蜂又飞到树上，不经任何度量，毫不犹豫地、迅速地切下一片片树叶，用这些叶片做罐盖，这些叶片不大不小，正好盖住罐口，这种绝妙的本领真令人不可思议。

详尽的观察，使法布尔能够纠正许多错误的说法，并能说出产生这些错误的原因。当时，社会上流传着一种神奇的传说："鹈鹕常在暮霭中吐出自己的脏腑，甚至挖出自己的心来喂养饥饿的幼雏。"法布尔以他那卓越的观察力，把被蒙蔽的真相披露出来了。原来，鹈鹕是把捉得的鱼虾搁在自己的喉囊里，然后再将这些鱼虾慢慢吐出来喂小鹈鹕。

与昆虫做伴是法布尔的志愿。为了实现这个志愿，法布尔迫切需要一个自己的野外实验场。这样，他就可以省去很多时间和精力，避免漫长的旅行，时时与昆虫在一起，详细地观察昆虫的一切。这是法布尔多年来最大的愿望。1879 年 3 月，法布尔的梦想终于实现了。他用自己攒下的一小笔钱，在小乡村塞里尼昂附近购得一处坐落在荒地上的老旧民宅，他给这处居所取了个风趣的雅号——荒石园。同年，《昆虫记》第一卷出版。在以后的 30 余年里，这位“荒石园”主人穿着农民的粗呢子外套，吃着粗茶淡饭，不知疲倦地从事独具特色的昆虫学研究，终于撰写出 10 卷本科学巨著——《昆虫记》。

《昆虫记》不仅是一部科学百科，还是一部文学巨著。它除了真实地记录了昆虫的生活，还透过昆虫世界折射出社会人生。昆虫的本能、习性、劳动、婚姻、繁衍和死亡，无不渗透着作者对人类的思考，睿智的哲思跃然纸上。全书充满了对生命的关爱之情，充满了对万物的赞美之情。一个人耗费一生的光阴来观察、研究“虫子”，已经算是奇迹了；一个人一生专为“虫子”写出 10 卷大部头的书，更不能不说是奇迹；而这些写“虫子”的书居然一版再版，先后被翻译成 50 多种文字，直到百年之后还会在读书界引起一次又一次轰动，更是奇迹中的奇迹。

法国文学界曾以“昆虫世界的维吉尔”为称号，推荐法布尔为诺贝尔文学奖候选人。可惜诺贝尔奖委员们还没来得及做最后决议，便传来法布尔已经离世的消息。法布尔一直活到 92 岁，也一直工作、学习到 92 岁。临终前他还说：“我要做的事情还多着呢!”法布尔的一生是热爱科学、勤奋自学、刻苦钻研、忠于事业和勇于献身的一生，为后人做出了榜样。

智慧人生

因为法布尔揭开了昆虫生命与生活习惯中的许多秘密，连进化论的奠基者达尔文都称他为“无法效仿的观察家”。法布尔从一个农村少年成长为昆虫学家的故事告诉我们，要想干好一件事，就必须从细枝末节做起，要善于观察、勤于探索，而且还要有明确的目标，并为这个目标做出坚持不懈的努力。

大熊猫发现者戴维

提起大熊猫可谓家喻户晓，可提起法国人爱蒙·戴维，却鲜为人知。然而，就是这位法国人在100多年前最早向西方世界介绍中国珍奇动物大熊猫。他采集的第一具大熊猫标本，至今仍被法国巴黎国家博物馆珍藏着。

戴维1826年出生于法国比利牛斯山区的一个小镇。他自幼热爱自然科学，喜欢野外探险，采集各种动植物标本，是当地小有名气的“博物学家”。22岁那年，戴维加入天主教会，成为一名神职人员，4年后他向教会提出，想去东方的中国传教。这一要求至1862年才被获准，那时他已36岁。临去中国前，法国巴黎自然历史博物馆的爱德华兹教授找到他，希望他为博物馆采集各类动植物标本。同年，戴维得到清朝政府同意，前往蒙古考察旅游。在此期间，他收集了不少标本，利用回国休假机会，把所有标本带回巴黎。

1865年，戴维作为一名天主教神职人员，被派往北京传教。在北京周边地区，戴维发现了不少欧洲少见的动植物，于是在传教之余，采集、整理了很多非常有价值的动植物标本，寄回巴黎。这年夏天，戴维前往北京南部考察，在皇家猎苑里，他意外地发现一种从没见过的物种——俗称“四不像”的麋鹿，于是将标本带回巴黎。经法国动物学家证实，麋鹿确为世界罕见，博物馆为此发表了戴维的科研论文。戴维的科研论文，对中国物种保护和生物学发展很有价值，这意味着中国有不少外国没有或者不同的珍稀动物。

1867年，一个来自四川穆坪（今四川省宝兴县）的中国学生告诉戴维，一个法国人在穆坪当地采集了许多动植物标本，准备运回法国去。戴维听说这件事后非常兴奋，当即做出决定，从上海乘船溯江而上到四川穆坪。到达穆坪的第二天，戴维就在当地向导的带领下，翻越大瓮岭，来到邛崃山脉中段一个叫邓池沟的地方。

1869年3月11日下午，戴维和几个人来到邓池沟源头采集到几种生物标本，正高兴地返回天主教堂，途中路过一户姓李的人家，主人客气地让他们到家中去用茶点。突然，挂在墙上的一张黑白相间的奇特动物皮深深地吸引了戴维。这张兽皮他从来没有看到过，个头相当大，毛皮呈黑白色。最令戴维惊奇的是，这种动物的皮掌下有许多毛，而同类物种掌下是无毛的。直觉告诉戴维，这是一个非常罕见、奇特的新物种。为叫起来方便，戴维临时为这种动物起名叫“白熊”。第二天，戴维请猎人们上山为他捕猎“白熊”。12天后，猎人们给戴维送来了第一只小“白熊”。可惜的是，为了便于携带，猎人们已经把这只小“白熊”杀死了。戴维惋惜之余，还是把白熊买了下来。又过了一个星期，猎人们终于带回一只活体“白熊”，戴维像小孩似的高兴极了。经过反复观察，戴维确信，只产于中国的这只“白熊”，确属熊类中的新种。

“白熊”的长相非常奇特，除了四肢、耳朵和眼圈是黑色以外，其余部分都呈白色。头很大，嘴短圆，不像熊嘴那么尖长。戴维决定给“白熊”重新命名，在犹豫了很久之后，他决定就根据这种动物的皮毛特征命名其为“黑白熊”。此后，他迫不及待地将他的发现写信告诉了已经升任巴黎自然历史博物馆馆长的爱德华兹教授。

经过一段时间的悉心喂养，戴维决定将这只可爱的“黑白熊”带回法国。可是，要把这个宝贝从地处川西平原西部边缘的穆坪带到大西洋彼岸的法国，在当时交通条件非常有限的条件下，既要翻山涉水，又要远渡重洋，谈何容易。结果，这只可爱的“黑白熊”经不起长途山路的颠簸和气候的不断变化，还没运到成都就奄奄一息了，戴维神甫只好将它的皮做成标本，带回了法国。

戴维的“黑白熊”标本到达巴黎展示后，立即引起了轰动。人们从兽皮上看到一张圆圆的脸形，眼睛周围是两圈圆圆的黑斑，就像戴着时髦墨镜，而且居然还有精妙的黑耳朵、黑鼻子、黑嘴唇，这简直就是戏剧舞台上化妆的效果，太奇怪，太不可思议了！于是有人断言，这张来自中国的皮毛绝对不真实，一定是伪造的。面对舆论的鼓噪压力，爱德华兹教授不敢怠慢。他在仔细研究了这种动物的皮和骨骼以后，断然否定了有关伪造的说法，确信这是一个新的、唯独中国才有的物种。他认定这种动物既不是熊，也不是猫，而是与中国西藏发现的小猫熊相似的另一种较大的猫熊，便正式给它定名为“大猫熊”。

1939 年，重庆一家动物园举办了一次动物标本展览，其中“猫熊”标本最吸引观众注意。它的标牌采用了流行的国际书写格式，分别注明中文和拉丁文。但由于当时中文的习惯读法是从右往左读，所以参观者一律把“猫熊”读成“熊猫”，久而久之，人们就约定俗成地把“大猫熊”叫成了“大熊猫”。从此，“大熊猫”这个现代名称就这样诞生了。戴维也成了第一个向西方世界介绍中国大熊猫的外国人。

知识链接

戴维于 1877 年出版了《中国之鸟类》一书，书中记载他发现的 772 种鸟类，其中有 60 种前人从没发现报道过。书中还有 200 个种类的哺乳动物，经戴维鉴定，其中新的种类有 63 个。除了大熊猫和麋鹿之外，还包括被戴维命名为“仰鼻猴”的金丝猴。

露丝与“苏琳”

我们知道，大熊猫是我国特产的“国宝”级珍稀动物。300 多万年来，大熊猫一直静静地生活在我国西南青藏高原东部边缘的温带森林中，不为外界所知。但这种平静的局面在 1869 年被打破了，这一年，法国神甫戴维在我国四川发现了大熊猫并把它的标本带去了法国。从那以后，一批又一批的西方探险家和博物馆标本采集者来到大熊猫产区，试图揭开大熊猫之谜并猎获这种珍奇的动物。但他们始终没能捕获到一只活的大熊猫。世界上第一个把活体大熊猫带出中国的是美国女人露丝。

露丝是美国纽约的一位服装设计师。1936 年，35 岁的露丝与威廉·哈克利斯结婚。威廉是一位动物学家和探险家。他在研究中得知，大熊猫这种世界上稀有的动物“活化石”仅在中国才有。根据法国神甫戴维在中国的探险记录和有关大熊猫的资料介绍，威廉弄清了四川西北山区的地理位置，对大熊猫的生活习性也有了初步了解。他下决心亲自前往中国四川西北山区，并把这个想法告诉了新婚不久的妻子露丝。

露丝要求和丈夫同行，被丈夫认为是累赘而遭到拒绝。遗憾的是，威廉到了中国后，还没有进入大熊猫产区，便突然病死在上海。留在纽约的露丝听到这个不幸的消息后，心情非常沉痛，继而做出了一个惊人的决定，即完成丈夫未了的心愿，到中国去寻找活的大熊猫。

1936 年 4 月，露丝起程前往中国。她雇了两名在美国出生的华人作保镖和翻译，来到中国上海。然后，乘船沿长江、岷江逆流而上，在四川乐山下船后穿过岷江山谷，进入四川西北大熊猫产区。

露丝在四川汶川和宝兴交界的夹金山，得到了一位藏族猎人昆丁的帮助。在海拔 2 000 米以上的山林和竹丛中，他们连续找了几天，都没有什么收获。一天，正当他们穿越一片箭竹丛的时候，忽然从一根断了枝的山核桃树边传来一阵婴儿般的啼叫。露丝不知道那叫声是什么动物发出的，直到昆丁从山核桃树的树洞里捧出一只温乎乎毛茸茸的小动物递到她怀里的时候，露丝简直不敢相信，这就是那个在西方国家流传了半个多世纪，许多人梦寐以求的神秘动物——大熊猫。露丝以为这只不到 3 磅的小家伙是雌性（后来证明是雄性），便给她取名“苏琳”。不久，露丝带着“苏琳”返回成都，随即乘飞机到上海，但在出境时遇到了麻烦。当时，尽管西方人已寻求大熊猫半个多世纪，并且知道它是濒临灭绝的珍稀动物，但中国人对大熊猫的了解还几乎为零。猎人可以任意捕猎这种“熊”，政府也没有任何保护的规定和措施。露丝的麻烦并不在于她捕获了大熊猫，而是进入中国内地的手续不全，因此不能离境。最后她采取行贿的办法登上了到美国的轮船，她把“苏琳”装在一个大柳条筐里，在海关登记表上写上“随身携带哈巴狗一只”便混出了海关。就在露丝带着“苏琳”还在太平洋上航行的时候，越洋电报早已把消息传遍了美国。轮船在旧金山码头靠岸时，正是圣诞节的前一天，惊喜万分的美国人在码头上举行了盛大的欢迎仪式，他们为珍贵的客人安排了最豪华的套房，召开隆重的欢迎晚会。

1937 年春，“苏琳”被送到芝加哥的布鲁克莫尔德动物园。人们像潮水似的涌向这里，最多的一天达 4 万人，超过了该动物园的最高纪录。“苏琳”的一举一动都成为报纸的新闻，商人们争先恐后地赶制大熊猫形象的产品，时髦女郎身着大熊猫图案的泳装招摇过市，甚至一种鸡尾酒也以大熊猫为名。露丝和“苏琳”的故事还被编成畅销书并搬上了银幕。

露丝后来又来到中国，为“苏琳”找了一个雌性伴侣，取名叫“美美”。遗憾的是，“苏琳”和“美美”在异国他乡并没有存活多久。1938 年 4 月 1 日，淘气的小“苏琳”误吞了一根棍子，卡住喉咙去世。经解剖发现，它是一只雄性熊猫。1942 年，“美美”死于肺炎，人们发现它也是雄性。

露丝在探险中用尽了所有积蓄，所幸出了一本名为《夫人和熊猫》的畅销书，用稿费支撑自己的生活。1947 年，露丝在匹兹堡一家旅馆去世，年仅 46 岁。50 年后，人们在宾夕法尼亚州一个公墓发现了露丝的墓，于是替她立了一块碑，上写“熊猫夫人露丝·哈克利斯”。

知识链接

活体大熊猫在美国首次出现后，一时间成为了全世界的动物明星。西方大国竞相到中国捕捉大熊猫，从 1936 年到 1941 年，仅美国就从中国弄走了 9 只大熊猫。从 20 世纪 40 年代开始，政府开始限制外国人的捕猎活动。正因为如此，有“活化石”之称的大熊猫才得以幸存至今。

海克尔与《宇宙之谜》

达尔文的进化论自问世以来，在世界范围内的争论没有一天停止过。后来进化论之所以能够立足，主要有三大方面的证据：比较解剖学、古生物学和“生物发生律”。其中，“生物发生律”是由德国动物学家恩斯特·海克尔提出的。

海克尔1834年生于德国波茨坦的一个富贵之家。他从小就受到了良好的教育和培养。虽然当时的学校教育并不重视自然科学，但是，海克尔在家庭教师的悉心指导下，利用假期和课余时间投入到大自然的怀抱之中。他用了10多年时间观察自然、采集标本和绘图记录，分类整理了万余件植物标本，建立起一个有相当规模的植物标本室。

海克尔尤其喜欢看植物学和科学探险方面的书籍。他对达尔文环球旅行的游记、著名植物学家施莱登的著作心驰神往，总想着将来长大以后能追随施莱登教授，成为一个在热带森林里考察和研究植物学的科学工作者。然而，父母还是想把海克尔培养成一个有相当社会地位的医生。1852年，海克尔遵从父母的意见，进入大学学医。

1856年，海克尔22岁时，被聘任为维尔茨堡大学医学院的助教，并开始攻读博士学位。大约一年以后，他获得了医学博士学位，从此有了从业行医的资格。但海克尔并不打算做一个仅仅给人治病的医生。1858年夏，他到耶鲁大学去看望了一位著名的动物学教授。在这位教授的提议下，海克尔设法得到了父亲的同意和支持，然后满怀信心地前往意大利西西里岛进行了一次很有收获的考察。在这次历时近两年的考察活动中，海克尔采集到了包括 144 个放射虫新种在内的大量标本。后来，海克尔把这些动物标本带回意大利进行了分类和命名。在野外考察的间隙中，他还阅读了达尔文写的《物种起源》一书，使进化论的思想成为自己后来思考和研究生物学问题的基础。这也奠定了海克尔后来成为达尔文主义捍卫者和传播者的基础。

1861 年 3 月，海克尔发表了他用进化论思想研究动物学的一篇论文——《论根足类动物的界和目》。这篇论文使海克尔得以进入著名植物学家施莱登领导的耶拿大学医学院任教，成为这所大学的比较解剖学讲师。

海克尔在科学研究中，既注重事实，也善于推理。在被聘为耶拿大学教授以后，他先后到过许多地方进行科学考察。从大西洋的加纳利群岛、锡兰岛，到红海、印度尼西亚的爪哇，到处都留下了他辛勤的汗水和足迹。他研究过海洋中的原生动物、海绵动物、腔肠动物、软体动物、棘皮动物和一些脊椎动物等广泛的动物类群。他在对 4 000 多种海洋动物的全面观察、科学分类和胚胎发育等方面研究的基础上，首创了生物分界的“三界说”。并指出，在动物界、植物界和原生生物界之内，每“界”是由许多“门”组成的。

起初，海克尔研究动物的个体发生是分门别类逐一进行的。他观察过动物的受精卵是如何经历卵裂、形成囊胚、原肠胚再发育成幼体的；也曾将不同类型动物的发育过程进行过比较。后来，他在研究家畜中猪的个体发育时，发现这种家养动物的个体发育和种系发生有许多相似之处：个体发育的起点是单细胞的受精卵，而系统发育理论认为多细胞生物就是由单细胞起源的；猪的早期胚胎具有鳃裂，而系统发育理论认为猪的祖先应是水生动物；猪在陆地上生活，而系统发育理论则认为陆生动物起源于水生环境。这些难道都是巧合吗？为了进一步弄清这个问题，海克尔查找文献资料，发现在大约半个世纪前一位叫做梅克尔的解剖学家的奇妙猜想：一个物种可以从另一个物种演化而成，在高等动物的胚胎发育中，会在解剖结构和生理上重显该物种的进化发展过程。然而，另一位叫做贝尔的动物胚胎学家又否定过梅克尔的猜想。贝尔在他的著作中指出，深入观察脊椎动物发育史，就会看到各种胚胎无论在整体还是局部上都相似。以后，达尔文也知道了贝尔的观点，并认为陆生动物早期胚胎发育中出现鳃裂的现象，完全与祖先的适应有关，是重演了祖先发育过程的一个形象。

在吸收了前人的理论并进行了大量的深入研究和仔细比较后，1866年，海克尔发表了《生物体普通形态学》一书，正式提出了著名的“生物重演律”：无论高等的陆生脊椎动物还是低等的水生无脊椎动物，它们的个体发育和系统进化都是既相互独立，又密切相关的，个体发育是系统进化的简单而迅速的重演。

1877年，在慕尼黑举行的第50次德国自然科学家和医生代表大会上，海克尔批评了关于禁止在学校中讲授进化论的错误主张，捍卫了达尔文的进化学说。1899年，海克尔出版了《宇宙之谜》一书，不但对19世纪自然科学的巨大成就特别是生物进化论做了清晰的叙述，而且根据当时的科学水平，对宇宙、地球、生命、物种、人类及其意识的起源和发展进行了认真的探索，用自然科学提供的事实，为人们勾画出了一幅唯物主义的世界图景。

知识链接

按照海克尔的“生物重演律”，青蛙的个体发育经历了受精卵，囊胚，原肠胚，蝌蚪，有腿、有尾的幼蛙，成蛙等几个阶段，分别相当于系统进化过程中的单细胞生物、多细胞群体生物、腔肠动物、鱼类、有尾两栖类、无尾两栖类等阶段，这说明蛙的个体发育反映了蛙的系统进化过程，即其种族发展史。

动物心理学家桑代克

心理学是研究人和动物心理现象发生、发展和活动规律的一门科学。最早用实验法研究动物心理，用以代替对动物的自然观察，为动物心理学的研究开辟了新的道路的是美国心理学家埃德伍德·桑代克。

桑代克 1874 年出生于美国麻省。儿时的桑代克其貌不扬，生性害羞，但他特别爱学习，不论是在高中还是大学，他的学习成绩都是一流的。桑代克在大学学的是文学，后来，在导师的影响下，他喜欢上了心理学，成为了心理学史上第一位用动物来研究人类的学习心理的学者。

1895 年，桑代克到哈佛大学做小鸡走迷宫实验，后转到哥伦比亚大学学习，继续利用猫和狗等做实验。他在实验中发现，最初，小鸡、小猫、小狗都是在死路里转来转去，偶尔会找到出口，逃出迷宫，而这通常需要花很长时间。但重复多次以后，小鸡、小猫、小狗在死路中瞎转的次数都会减少，花费的时间也会减少很多；训练到一定次数以后，一把它们放入迷宫，它们甚至会立即直奔出口而去，很快就成功逃脱。桑代克认为，小鸡、小猫、小狗都不是通过推理和观察而学会逃出迷宫的，它们之所以能够顺利逃脱，原因只有一点，那就是不断地尝试。在不断地尝试和失败中慢慢消除那些无用的行为，记住那些有助于逃脱的行为，用桑代克的话说，就是它们已经在这些有用的行为和行为的目标之间建立了联系。

在桑代克的动物迷宫实验中还有一个著名的“饿猫逃出迷笼实验”。在这个试验中，桑代克设计了“桑代克迷笼”，将一只饿猫关入此笼中，笼外放一条鱼，鱼香四溢。饿猫急于冲出笼门去吃笼外的鱼，但是要想打开笼门，饿猫必须一气完成三个分离的动作。首先要提起两个门闩，然后按压一块带有铰链的台板，最后把横于门口的板条拨至垂直的位置。经观察，刚放入笼中的饿猫以抓、咬、钻、挤等各种方式想逃出迷笼，在这些努力和尝试中，它可能无意中一下子抓到门闩或踩到台板或触及横条，结果使门打开，多次实验后，饿猫的无效动作越来越少，最后一入迷笼就会立即以一种正确的方式去触及机关打开门。根据这个实验，桑代克认为，动物的学习方式是一种渐进的尝试错误的过程。在这个过程中，错误的反应逐渐减少，而正确的反应最终形成。这个关于学习的论述被称为“试误说”。

桑代克把他的动物研究技术应用于儿童及年轻人，之后他越来越多地用人做测试对象，最终提出了学习的“联结”理论。桑代克认为，学习就是通过尝试与错误的方式形成稳固的刺激与反应之间的“联结”。根据影响“联结”的因素，桑代克提出了“准备”“练习”“效果”这三条主要的学习规律以及“多重反应”“心向与态度”等七条从属的学习规律。

1903 年，桑代克的《教育心理学》出版，这是历史上第一本教育心理学专著。它的出版标志着教育心理学的诞生，桑代克也因此成为现代教育心理学之父。

智慧人生

桑代克的实验和学习规律给我们这样一些启示：学习就是不断地探索，在不断地尝试错误中，排除错误，获得正确的认识。如果没有千百次的失败的尝试，就没有众多的科学发明；如果没有勇于探索的开拓者，世界上将永远没有路。因此，在探索中不能因为一两次的失败就灰心丧气，不懈地努力才会有好的结果。

动物行为专家劳伦兹

动物行为学是研究动物对环境和其他生物的互动等问题的学科。19世纪初期，有关动物行为的研究分为两大派。其中一派大多是生理学家，如巴甫洛夫等人，他们在实验室里对狗、猫、大鼠等的学习行为进行了大量研究；另一派主要是博物学家，他们倡导在自然环境中对动物进行观察和实验，这一派包括奥地利人劳伦兹、荷籍英国人廷伯根和奥籍德国人弗里施等。其中，劳伦兹被认为是动物行为学的开山祖师。

康拉德·劳伦兹1903年出生于奥地利的维也纳。10多岁时，劳伦兹读到了一本进化论方面的书，并从此迷恋上动物学和古生物学，然而他的父亲却坚持要他学医。1922年，他来到纽约哥伦比亚大学修了两个学期的医学课程。后来，劳伦兹进了维也纳大学学习比较解剖学并开始用比较解剖学的方法研究动物的行为。

动物行为研究中的一个最古老的课题是动物行为中有多少是先天本能又有多少是后天习得的。因为哺乳动物比较善于学习，而昆虫和鸟类则有着丰富的本能行为，因而有关本能行为的研究常常是以虫、鸟为研究对象。劳伦兹的研究对象也以鸟类为主，而且一直坚持了60多年，从未间断过。

1935年，劳伦兹发现鹅、鸭的幼雏孵化后不久便会跟随它们可看到的第一个移动着的物体，并对它产生强烈而固执的依附，假如这个物体能发出声音，这种依附更强烈。为了解开这个谜，劳伦兹开始和野天鹅打交道。可是，那些天鹅都怕他，躲着他。但劳伦兹并不灰心，他常常在天鹅停歇的地方出没，仔细观察天鹅的一举一动。他发现，雄天鹅喜欢昂首挺胸，扇动翅膀跳舞。雌天鹅呢，看到雄天鹅跳舞的姿势便躬身弯颈，不断点头。劳伦兹便天天练习这些动作，学得跟天鹅一模一样。这样，天鹅便不再躲避了。接着，他又学习天鹅的“语言”，懂得在什么情况下，怎样叫，是表示什么意思。例如，发现了敌人，他就学着天鹅的一种叫声，发出警报；如果它们想下水游泳，他就在前面开道，发出叫声让它们跟着来；如果在水里发出一种叫声，那是招呼天鹅们到他身边来“集合”。天鹅们做游戏，或者梳妆打扮时，他又常在一旁守护。晚上，他常和天鹅靠在一起睡觉，为它们放哨。后来，劳伦兹设计了一个实验：一组小鹅在孵出后留在母鹅的身边，另外一组小鹅则刚孵出后便被移走，由劳伦兹本人以代理母鹅的角色来照顾它们。后来他发现，第一组鹅在以后的生活中能从它们对其他鹅的反应中显示可以正常地认同鹅类；但是第二组鹅在以后一生中的行为表现都以为自己是人的同类。劳伦兹因此得到结论：鹅类将出生后第一个回应它的对象视为母亲或父亲，这种现象被称为“铭印”。

“铭印”现象的发现是劳伦兹对动物行为学的一个重大贡献，他用这种方法研究了各种鸟类的“铭印”行为，并比较了它们之间的差异。此后，劳伦兹就鸟类幼雏的“铭印”现象发表了一系列的观察报告，获得了学术界的极大关注。名噪一时的劳伦兹也因此被人们称为“鹅的父亲”和“现代行为学之父”。

除了学术成就之外，劳伦兹最为人称道的，是他向一般大众描述动物行为的生花妙笔。《所罗门王的指环》是劳伦兹的第一本通俗科学作品，流传最久，也最为脍炙人口。相传所罗门王有一只魔戒，戴上它就能够降妖伏魔并且能够和各种飞禽走兽交谈。在《所罗门王的指环》这本书中，劳伦兹以轻松、活泼、风趣、写实的文风向读者展示了一个不需要魔戒神话就能和几种特别熟悉的动物交谈的人物形象。该书曾被纽约图书馆推评为 20 世纪 10 本最佳的自然科学著作之一。

智慧人生

劳伦兹认为，童年发生的事对一个人在科学和思想上的发展至关重要。因为他从鸟类的自然习性研究中发现，刚孵出的幼鸟会在出生后很短的一段时间内追逐自己的同类。若错过了这段时间，便很难学会此类行为。青少年朋友也应该从劳伦兹的研究中得到有益的启发。

弗里施与蜜蜂“舞蹈”的碰撞

人们常说“勤劳的蜜蜂”，这一点儿也不夸张。在晴朗的天气里，蜜蜂总是在野外忙碌着。一只蜜蜂大约要采集 1 000 朵花，才能装满自己的嗉囊，嗉囊装满后回家卸空，蜜蜂又去采集新的花粉。这样，它每天都要飞出去约 10 次。要酿造 1 千克的蜂蜜，大约需要 6 万只蜜蜂整整采集一天。那么，蜜蜂为什么能有条不紊、迅速而敏捷地采到花蜜呢？原来，这是因为它们可通过舞蹈语言相互交流。揭开这个奥秘的是德籍奥地利动物行为学家冯·弗里施。

弗里施 1886 年出生于奥地利的维也纳。他在维也纳大学医学院毕业后，去了德国慕尼黑大学从事动物学研究。弗里施的研究兴趣始终环绕着动物如何获取信息和交换信息这一方向。1910 年，他便在鱼身上建立起食物与颜色及声音的条件反射，从而证实了鱼具有视觉和听觉。之后，弗里施开始研究蜜蜂的行为。

为了便于观察，弗里施在蜜蜂的身上编上号码作为标记，通过特制的玻璃窗跟踪观察它们的活动。1919 年，他终于揭开了蜜蜂用舞蹈语言——“蜂舞”——来传递信息的秘密。

所谓“蜂舞”是蜜蜂中的侦察蜂所特有的一种传递信息的“舞蹈”

动作。用不同舞蹈姿势在蜂巢内对同一种蜂群的工蜂传递蜜源地、蜜源方向和蜜源距离的信息，使其依一定路径去采集花粉和花蜜。蜂舞一般可分为圆舞和摆尾舞两种。当侦察蜂在蜂房上时而向左，时而向右爬行成小圆圈式的“圆舞”，即表示蜜源距蜂箱较近，约在 100 米以内的信息；如在蜂房上先沿直线爬行，再向左和向右呈弧状交错爬行，似横“∞”字的舞形，表示蜜源距蜂箱较远。在沿直线爬行时，腹部不停左右摆动，故称“摆尾舞”。沿直线爬行持续 1 秒钟，即表示蜜源距蜂箱约有 500 米，如持续 2 秒钟，则表示约有 1 000 米。在跳“摆尾舞”时，如头部向下沿直线爬行，表示蜜源位置背向太阳；相反，头部向上沿直线爬行，表示蜜源位置对着太阳。当它直线爬行后，再向左或向右呈弧状爬行时，与垂直线如有一个角度，该角度即表示蜜源方向与太阳所成的角度。太阳方位角每小时变化 15°角，侦察蜂舞蹈直爬的方向也相应逆时针转动 15°角，这是蜜蜂特有的测时机构——“生物钟”。工蜂依侦察蜂所发出的信息，大部分可以准确到达目的地，误差不超过 20%。有趣的是，如果原来那只侦察蜂为了寻找食物而飞了弯路的话，它向同伴们指引的方向，不是它所飞过的弯路，而是调整过的直接飞向食物的方向。

蜜蜂通过舞蹈般的运动形式来互相通信，传递信息，被认为是非灵长类动物中最为复杂的行为。尽管大多数生物学家倾向于弗里施关于蜜蜂“舞蹈”是真正信息来源的观点，但关于这种“编码”是怎样被翻译成一种“飞行计划”的却一直没有定量描述。一些科学家后来做了两个实验，第一个实验中，他们给许多蜜蜂装上了微型的天线，以在大范围内监视它们的行动。他们发现蜜蜂不仅能够根据领头蜂的翅膀扇动频率，阅读出各种信息，而且在它们飞向目标的过程中也不会受风向变化的影响。第二个实验更有意思，人们把蜜蜂转移到另外一个地方，在那里释放这些蜜蜂，但是并不改变食物的地点。而这些蜜蜂一出蜂巢，却仍然按原来的方向飞行相同的距离。这就说明，蜜蜂的舞蹈并非毫无意义。相反，它给蜜蜂提供了各种信息指令，其内容包含了前往食物地点的飞行距离、方向等信息，而嗅觉在帮助大群蜜蜂找食过程中并不发挥重要作用。

鉴于弗里施对动物行为研究的成就，1973 年，他与劳伦兹和廷伯根共同获得诺贝尔奖。这是该奖第一次授予一个几乎和生理学或医学没有直接联系的纯动物学科研成就。

知识链接

蜜蜂有很多我们不知道的秘密：它有1.3亿年的历史，比人类久远得多；它的嗅觉非常灵敏，相当于狗的99%；它有惊人的记忆力，能够记住许多不同的气味；它的飞行速度可以达到每小时65千米；花蜜采回来后，蜜蜂会互相之间口对口传递这些花蜜，经过120～240次传递，再加上它们体内酶的转化，才形成可以用的蜂蜜。

“北京人”发现者裴文中

1929年，北京周口店发掘出了一个完整的中国猿人——“北京人”——头盖骨化石，这一发现不仅揭示了中华民族的渊源和悠久历史，也为世界文明起源提供了重要佐证。“北京人”的发现者是我国古人类学的重要创始人裴文中。

裴文中1904年出生在直隶省滦县（今河北省丰南县）。1916年他高小毕业后，由于家里穷，只得报考吃饭不要钱的直隶省第三师范。穷困艰苦的物质生活，丝毫没有动摇裴文中的决心。相反，更加激发他奋发向上。1921年，裴文中考取了北大地质系，学习古生物无脊椎专业。为了把大学读完，他一面学习，一面到一些中小学兼课。

裴文中与许多有志青年一样以拯救国家、振兴民族为己任，并满腔热忱投入其中。1926年，裴文中在李大钊的介绍下加入中国共产党，参加北京大学地下党小组的活动。后来，裴文中经人介绍，来到正在发掘化石的周口店工作。

周口店位于北京城区西南大约50千米处，它的东南面，是一望无际的华北大平原；西面和北面，是山峦重叠的北京西山。周口店附近山上，有距今4亿多年的石灰岩，这里的石灰岩层很厚。石灰岩容易被带酸性的水溶解，特别是褶曲发育、断裂很多的地方，更容易被地下水穿通，因而形成许多洞穴和裂隙。这些洞穴和裂隙后来被泥沙填充，即成为洞穴堆积物或裂隙堆积物。在这些堆积物中，埋藏了大量的动物化石，提供了大量研究过去年代动植物的状况与环境特点的材料。从 1921 年起，中外科学家就开始在此对洞穴裂隙堆积进行发掘，试图找到揭开动物、包括人类的进化及过去生活状态之谜的钥匙。

1928 年年底，周口店龙骨山的挖掘工作碰上了坚硬的石层。同时，又由于当时的政府对科学不重视，采掘经费十分紧张。一些人对挖掘工作失去了信心，认为石层下不会有什么化石。但裴文中凭着对科学的执著追求，带领工人用钢钎、铁锤、炸药，继续挖着。

1929 年，有威望的国内外学者先后离开周口店，去西北、华北等地考察研究。全面负责开掘周口店的工作落在年轻的裴文中的肩上。11 月底，一场大雪过后，天气更加寒冷。这时，在北裂缝与主洞相交处，露出了一个小洞，洞口的裂缝只能容一个人进出。为了探明情况，裴文中顾不得洞的深浅，亲自下去探查。他腰里系了根绳子，由洞上的工人拉着，悬空而下。到洞里一看，嗬！有这么多动物化石。裴文中高兴极了。1929 年 12 月 2 日下午 4 点左右，在主洞偏北的下洞附近，一件奇特的东西映入裴文中眼帘。过来一看，他情不自禁地喊道："是猿人!"在场的工人都围过来，果然是大家朝思暮想的猿人头盖骨。拨去上面的松土，露出头盖骨的顶部。头骨一半埋在松土里，一半卡在硬土里。冬季天短，还不到 5 点，已是暮色苍茫。北风灌洞，寒气袭人。裴文中与工人们在 12 米深的洞穴中，点着蜡烛，手持铁锤和凿子，小心翼翼地挖着。虽然天气寒冷，但裴文中由于紧张的工作，反而浑身发热，头上冒汗。天色更黑了，他使用撬棍想把头骨撬出来，结果头骨的一部分被震碎了，他懊悔极了。但这却使他知道了这个猿人头骨有 10 多毫米厚，比现代人的头骨厚得多。头骨终于被挖掘出来，50 万年前人类祖先的头盖骨重见天日了。以此为序幕，科学家们又在周口店陆续发现了许多猿人化石，猿人制作的石器、骨器以及他们用火的证据。这些猿人被定名为"中国猿人北京种"，或称"北京中国猿人"，俗称"北京人"。后来，随着人类学的发展，"北京人"的学名被调整为"北京直立人"，但"北京人"这一亲切的俗称早已家喻户晓，广为流传。

裴文中的发现，震惊了全国、全世界学术界。这是因为在发现"北京人”头盖骨之前，学术界还没有对人类是否经历“猿人”时代形成定论。“北京人”头盖骨出土之后，此前几年在世界其他地区发现的相似化石才被确定为人类化石，从而平息了学术界相当关键的争议，使得过去关于猿与人之间存在一种过渡类型的预言，得到了有力的证明。作为“北京人”头盖骨的发现者，裴文中的名字将永远为后人所铭记。

智慧人生

尽管考古发现有很多机缘巧合的成分，但裴文中从一名学无脊椎古生物的学生，转而开始研究有脊椎动物化石，并在短短时间里成为辨认化石能手的故事告诉我们，他的“幸运”是建立在刻苦学习、勤勉做事基础之上的。

动物学科猜想

猛犸“再造”计划

猛犸象是在陆地上生存过的最大哺乳动物，现代的非洲象或印度象都是猛犸象的“表兄弟”。猛犸起源于400万年前的非洲，后来迁移至欧亚至北美洲。在距今大约350万年前，猛犸曾广泛分布在亚欧大陆北部和美洲北部，但在9 500年前，猛犸竟然与恐龙一样突然灭绝了，成为生物进化史中的未解之谜。现在，猛犸象化石出土最多的地方是在西伯利亚一带，至今，仅在那里发现的猛犸化石已达2.5万个之多。

2005年春，一位俄罗斯猎人在靠近极圈的西伯利亚茫茫雪原上打猎，一不小心，被一个凸起的东西绊倒了。当他清除覆盖在这种东西上的冰雪时，看到的竟是一只被冻僵了的巨大古老动物的头颅和长牙——这是一头完整而僵硬的猛犸象。这头猛犸整个身体坐在粗大的后腿上，一只前腿高高抬起。让人吃惊的是，在这头猛犸象的舌头上，还残留着待咽的毛茛草。这说明，数万年前，这只猛犸正在悠闲地吃着青草，气温突然急剧降低，它还没来得及吞下嘴里的草，便一下子被永恒地冻结在历史中。

完整的猛犸尸体被发现之后，科学家们由法国探险家伯纳德·布伊格斯带领，涌向了发现猛犸的地方。为了避免造成破坏，布伊格斯和手下的人在四周挖了一条深沟，切开了冻着猛犸尸体的重达 24 吨的冰块。包着猛犸的冰块被移到飞机上，运到附近的一个岩洞，在那里用吹风机缓慢将猛犸解冻。后来，科学家们对这头猛犸的毛发、骨骼和牙齿的初步分析表明，它死于大约 30 380 年前，是一头雄性猛犸。这头巨兽身上披着栗色的长毛，脚部毛长 22.5 厘米，胸腹部毛长 41 厘米。

猛犸干尸的发现立即点燃了人们通过克隆技术复活猛犸的热情。我们知道，科学家早已能够克隆各种动物了，但此前的克隆都是采用动物的活细胞进行克隆，从猛犸干尸上取得的细胞能克隆出活生生的猛犸吗？经过热烈的讨论，科学家们认为应该试一试。于是，西伯利亚猛犸的尸体组织在出土后被装在满是液态氧的容器里空运到了科研和技术条件相对比较好的日本。

有人认为，冰晶破坏了猛犸冰冻细胞的 DNA，使它们丧失机能。但是，日本科学家们认为动物大脑的高脂肪以及头骨可以有效地保护脑细胞，减小被冰晶破坏的可能性。近日，日本科学家们完成了冷冻死亡老鼠的克隆实验，并成功使得一只已死亡并冷藏了 16 年的老鼠产生新的生命。这是人类首次成功克隆存放如此长时间的冷冻动物，这一技术将有望使得猛犸重新复活。

通过克隆技术成功复活猛犸对于拯救濒危动物是一大突破性进展，但科学界对再造猛犸的计划褒贬不一。赞成者认为这是一次大胆的挑战，如果成功，将把生物技术向前推进一大步。而反对者认为，从生物学的角度讲，复活猛犸象并不具备特别的意义，因为它在生物进化链上的地位已经很清楚。还有人提出，根据达尔文“物竞天择，适者生存”的进化论，物种灭绝是自然现象；人为干涉生物界的自然淘汰，违背了自然规律。结果究竟如何，我们还需拭目以待。

学科展望

澳大利亚的一个研究小组已经着手研究克隆已灭绝的塔斯马尼亚虎，美国的一个研究小组已经开始尝试复活5年前灭绝的一种野生白山羊。在所有复活计划中，人们最关注的恐怕是恐龙了。但从理论上讲，恐龙是不可能复活的。因为经过6 000多万年的时间，恐龙的基因都被分解了。

奇特变异生物“恐龙鸡”

众所周知，恐龙早在6 500万年以前就已经灭绝了，我们今天只能在博物馆看到各式各样的恐龙化石。但近年来却有人提出了“恐龙并未灭绝”这一令人难以置信的崭新观点，并着手“复活”恐龙，他就是美国古生物学家杰克·霍纳。

在美国蒙大拿州辽阔的荒野深处，有一处方圆数百里人迹罕至的偏远地方——海尔克里克，这里是世界上白垩纪晚期恐龙化石最丰富的地区之一。1902年，这里发现了第一只霸王龙化石。自那以后，全世界共发现了24具霸王龙骨架，其中有11具是在这里发现的。迄今为止，海尔克里克出土了大量史前生物化石。1982年，霍纳就任蒙大拿州立大学落基山博物馆的馆长并主持了海尔克里克的大规模挖掘工作。为了研究恐龙化石，霍纳为自己的实验室装备了极为先进的设备。后来，霍纳在一只距今约8 000万年的霸王龙的股骨中分离出了遗传物质——DNA片断。经研究表明，这些片断与现代鸟类的DNA片断颇为相似。这就意味着恐龙——爬行动物王国的“君主”——并不像一般人们认为的那样早已在6 500万年前就灭绝了，而是有一些可能继续生存下来，并演化成了鸟类。此后，霍纳一直尝试利用DNA技术令灭绝了6 500万年的恐龙再次“复活”。好莱坞科幻电影《侏罗纪公园》就是受到他的研究启发而拍摄的，而霍纳也曾充当该片的技术顾问。但霍纳多年研究后发现，想要像电影《侏罗纪公园》那样重建完整的恐龙DNA基因图谱几乎是一项不可能完成的任务。所以霍纳决定采取另一个不可思议的方案——让一只鸡“退化”成恐龙。

霍纳认为，现有的家禽鸡是从一种史前肉食恐龙进化而来的，因此家禽鸡的 DNA 中包含着恐龙的基因记忆。一旦这个基因记忆被“打开”，就将复苏家禽鸡处于长期睡眠状态的恐龙特征。因此，如果能设法通过“逆向基因工程”技术唤醒鸡胚胎中沉睡的“恐龙基因”，使家禽鸡繁衍的后代逐渐“退化”，就能打造出一种一半像恐龙、一半像鸡的生物——“恐龙鸡”。

目前霍纳正斥巨资资助世界多国的科学家联手展开这项匪夷所思的“恐龙鸡计划”。北美洲的科学家已经研发出了一些实现“恐龙鸡计划”所必备的基因技术，而一些亚洲的实验室目前正开始着手进行计划的下一阶段——造出一只活生生的“恐龙鸡”。据估计，未来“恐龙鸡”的上半身仍和普通的家禽鸡类似，但不同的是，它将有恐龙那样的尖利牙齿和长长的尾巴，还有长着 3～5 根脚趾的利爪，并且没有鸡身上的翅膀。不过，“恐龙鸡”的全身仍可能长满羽毛，因为科学家近年来研究发现，许多恐龙身上都覆盖有羽毛。霍纳预言，根据目前的实验进度，第一只“恐龙鸡”很可能将在未来 5～10 年诞生。霍纳提出的让史前恐龙重新在地球上徜徉的宏伟蓝图是否能够实现，让我们拭目以待吧。

知识链接

最早提出恐龙进化为鸟类的是日本科学家福田，他对鸵鸟目恐龙的骨骼进行了研究后推测，正是鸵鸟目恐龙进化成了恐鸟，这是一种 18 世纪末还在新西兰存在的一种高达 3 米的大鸟。可惜由于人类的大肆捕杀，这种似乎由恐龙进化而成的恐鸟已经灭绝了。

试管动物有待研发

美国新泽西州有一家牧场，近年来参观的人络绎不绝。每位参观者都被带向一座明亮的牛舍，那里有三四十头小奶牛在安静地休憩。参观者会注意到，这三四十头小奶牛几乎是一个模子里刻出来的，连身上的黑白花斑也几乎一模一样。自豪的牧场主会向大家介绍说，这三四十头奶头是同一对父母的后裔，几乎同时出生。同一父母？这怎么可能？谁都知道，一头母牛一年只能怀一胎，每胎一般只有一头牛犊。牧场主会向你解释：这些小奶牛是“试管动物”，它和“试管婴儿”一样是细胞工程中的新鲜事。

世界上第一例试管婴儿诞生于 1978 年。所谓“试管婴儿”，当然不是在试管里把受精卵直接培育成婴儿，而是指在科学家的精心设计和严密控制下，精细胞和卵细胞的受精作用在试管里完成，受精卵又在试管里发育成胚胎。这胚胎则要放入母亲本人或是“代理母亲”的子宫中，再发育成胎儿。

试管婴儿的问世推动了试管动物的研究。一位英国科学家在试管婴儿问世后成功地把美国的试管猪胚胎移植到英国猪的子宫内膜上，使英国本地猪一次产下了 8 头美籍英国猪。此后，这种胚胎移植技术取得了快速发展，科学家们先后获得了“试管兔”“试管牛”“试管猫”等试管动物。

在试管生物的热潮中，英国学者一马当先，他们的成绩使国际同行惊叹不已。在咄咄逼人的形势下，在科学发达的美国，科学家们奋起直追，特别是经过多年努力，他们在奶牛的试管受精和胚胎分割这两项技术的结合上取得了长足进步。本来，一头良种乳牛一次只排一个卵，一年只生一胎。现在，科学家使得它一次能排好多个卵，然后选良种公牛进行交配，再把受精卵取出，放到试管中去培育。隔一段时间再进行注射，促使它排卵。这样，一头良种乳牛一年能提供三四十个受精卵。这些受精卵在试管里发育成胚胎以后，被移植到普通母牛的子宫里，而这些普通母牛会忠实地完成“代理母亲”的使命，产下一头头地地道道的良种牛犊。这样，一头良种乳牛一年能生下三四十头良种牛犊了。科学家还有另一手高招：当试管里的受精卵发育成胚胎后，到了一定的阶段被取出来进行分割，分割成两份、四份，甚至八份，然后再放入试管中继续培育。分割成的部分胚胎有的有两个细胞，照样会不断分裂，发育成新的胚胎。这些新胚胎照样可以植入普通乳牛的子宫，发育成地道的良种牛犊而来到世间。这手高招称为胚胎分割。有了它，试管婴儿技术如虎添翼，可以迅速地为人类提供大量的良种牛、良种马、良种羊、良种猪……有人断言，要不了多长时间，动物育种技术将彻底更新，全世界的畜牧业将是另一种模样。

近些年来，科学家们又把胚胎移植技术应用在珍贵稀有的野生动物的人工繁殖上，并取得了很大进展。我们知道，有好多珍贵的野生动物，由于数量极少，导致雌、雄性不能相遇而大大减少繁殖机会，并有灭绝的危险。还有一些本身繁殖有困难的野生动物也是容易灭绝的。采用胚胎移植技术进行人工繁殖，可以挽救这些濒临灭绝的野生动物。1990 年，一只西伯利亚虎产下了 3 只孟加拉虎，这 3 只小虎就是在试管内受精后植入西伯利亚母虎的子宫内的。随着胚胎移植技术的日臻完善，人类将奉献给大自然更多的“试管动物”。

知识链接

试管动物与克隆动物不同。试管动物是将动物的精子和卵子在体外受精、体外培养胚胎，然后将发育到一定程度的胚胎移植入受体后得到动物。而克隆动物是指遗传上完全相同的分子、细胞或来自同一祖先的生物个体的无性繁殖群体。

神奇的转基因动物食品

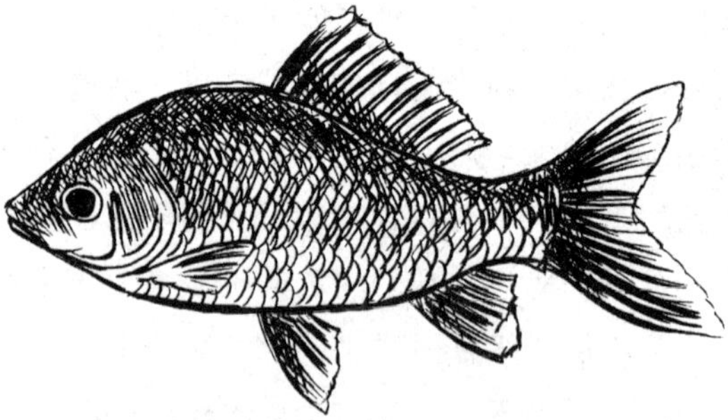

尽管人们对转基因食品还心存疑虑，但近年来，抗腐烂西红柿、抗除草剂棉花、抗病毒黄瓜和马铃薯以及抗虫玉米等“基因作物”，已来到我们身边。与此同时，转基因动物食品也正向我们走来。

那么，什么是转基因动物呢？首先，要了解什么是基因。大家知道，所有的生物都是由细胞组成的，当然动物也不例外。细胞的结构是这样的：最外面是细胞膜，中间是细胞质，最里边细胞核。在细胞核里有一种遗传物质叫脱氧核糖核酸（DNA），它由两条螺旋形的长链组成，而长链的每一小片段，就是一个基因，在基因上储存着遗传密码。每一个孩子的长相都像自己的父亲和母亲，这是因为他的父母将基因传给了他的缘故。

转基因动物就是将人们需要的目的基因导入其基因组，使外源基因与动物本身的基因整合在一起，并随细胞的分裂而增殖，在动物体内得到表达，并能稳定地遗传给后代的动物。整合到动物基因组上的外来结构基因称为转基因，由转基因编码的蛋白质称为转基因产品，通过转基因产品影响动物性状。如果转基因能够遗传给子代，就会形成转基因动物系或群体。

1980 年，科学家们首次报道用 DNA 显微注射法获得了转基因小鼠；1982 年，美国科学家首次将大鼠生长激素基因导入小鼠受精卵的雄性原核中，获得了转基因小鼠，其个体比对照鼠增大一倍，称之为“超级鼠”。

转基因哺乳动物诞生以来，一直是生命科学研究和讨论的热点。随着研究的不断深入和实验技术的不断完善，转基因技术得到了更广泛的应用，几乎每年都有令人瞩目的研究成果报道，有些转基因成果已经进入实用化和商业化的开发阶段。例如，我国科学家通过把鲤鱼的细胞核移植到鲫鱼的细胞质里，培育出了新品种——鲫鲤鱼，它的侧线、鳞片数、长相像鲫鱼，而嘴角处却长出了鲤鱼的“胡须”。这种转基因鱼，它的肉味像鲫鱼一样鲜美；而生长速度却同鲤鱼一样快，养殖周期短，产量很高。又如，最近由美国、加拿大和新加坡的科学家组成的一个研究小组，将一种极度活跃的生长激素基因，注射到鲑鱼的卵中，培育出了比鲑鱼大 37 倍的巨型鲑鱼。这种“超级鲑鱼”的生长速度，是迄今转基因动物中最快的一种，它的产量特别高，肉的味道也好。

我们可以设想，今后如将大象的基因转移给猪，可能培育出如同大象那么大的“超级猪”；将鸵鸟的基因转移给鸡，可能培育出与鸵鸟差不多大的“超级鸡”。同样，运用转基因技术，科学家们可将长瘦肉的基因导入猪细胞中，猪就成为瘦肉型；将促乳汁分泌的基因导入牛、羊细胞中，这些转基因牛、羊乳汁猛增。可见，转基因动物将给人类带来丰富多彩的肉、蛋、奶及各种食品。

学科展望

转基因动物技术的实用意义除了生产性状优良的家畜家禽之外，还有很多用途：①作为反应器，生产一些只能从人体内提取的蛋白质；②作研究模型，比如，知道高血压症是由某种原因造成，可以生产一些高血压小鼠，让医生在小鼠身上试用各种疗法；③生产各种不同大小、毛色和花纹的观赏动物。

猪的新开发

猪是我们最常见的家畜，也是我国古代“六畜”之一，从古至今一直是人们肉食品的主要来源。其实，猪对人类的贡献远不止如此。最近，一位好奇的荷兰女作家通过跟踪一头屠宰场的猪发现，这头猪的最终用途竟达 185 项。

1915 年，德军为打破欧洲战场长期僵持的局面，在人类战争史上第一次使用了毒气战——氯气，具有强力腐蚀能力的氯气，经呼吸道吸入后最快两分钟就可引起死亡，且死者七窍流血，面目狰狞。这场战役德军共使用约 180 吨氯气，顺风扩散了 25 千米，导致约 5 万名英法联军士兵中毒，死亡约万人计，景象骇人。除人以外，诸多野生动物也被殃及，但野猪却是个例外。这个现象得到英法科学家的高度重视，经深入分析后，发现并非野猪真的能够抵抗氯气，而是因为当它察觉形势不妙时，并未夺路狂奔，而是使出其惯用招法以嘴拱地，将口鼻埋于松软的泥土当中。那些松软的泥土有效地过滤了氯气，才使它得以幸存。受此启发，人类第一次制造出了真正有用的防毒面具。现在你知道了为何防毒面具看起来像个猪嘴的原因了吧。

最近，有人对猪的生活习性经过长时间的观察与研究之后，证明猪的确是一种温顺、聪明的动物。猪经过训练后，也能像狗一样担任警卫工作。在美国有的农民用猪来保卫庄园的土地，它还咬伤过误入庄园的陌生人。还有一位农民为了防止牛在池塘边饮水时被蛇咬伤，养了两头猪代替人看守池塘，取得了很好的效果。猪不仅能防蛇，而且还喜欢吃蛇。科学家已用实验证明，养猪防蛇是符合科学道理的，因为猪有厚厚的脂肪，能中和蛇毒而防止蛇毒进入血管。

猪还有极其发达的嗅觉。在法国的一些地区的地皮下，生长着一种价格非常昂贵的食用菌类植物——黑松露菌。当地的农民把猪当作收获黑松露菌的有力助手。猪在6米远的地方，就能嗅到长在25～30厘米深的地底下的黑松露菌。

伴随着生物科技的迅猛发展，猪又有了新的用途。科学家们发现，猪在解剖、生理和代谢等方面与人类都非常接近。比如，猪也有乳牙、恒牙的替换模式，它的内脏器官大小和功能以及动脉循环系统与人类相似。更有意思的是，当猪过度紧张或兴奋时也可能导致心脏病发作，而且猪和人之间还共享40多种疾病，其中起码有20余种是与人类基本一致的遗传性疾病。正因为如此，生物学家们产生了利用猪所拥有的细胞、器官等来治疗人类疾病的想法。

大家知道，在人与人之间做器官移植，首要的任务就是进行组织配型，然而除了同卵双胞胎以外，这世界上几乎不可能有两个在基因型上完全一致的人，所以后期的免疫抑制药物仍然是必须的。每年都有很多很多人等不到自己需要的器官，或者无力负担移植所需巨额花费而凄凉地离开人世。在基因工程出现以后，人们不禁会想如果能够创造出一种万能供体动物，这个世界当然会更加美好，而首选动物就是猪。

2006年11月，美国科学家戴维·萨奇斯宣称，他们已经培育出一种特殊的“基因变异”猪，这种猪的体内缺少一种关键的糖分子，这种糖分子只在普通的猪体内存在，而人类和其他灵长类动物身上都没有。如果猪的细胞中没有这种糖分子，那么灵长类动物——包括人类——的免疫系统，就不会认出这种猪的移植器官是“外来异物”。这样一来，如果人类患者移植了这种猪的心脏、肝脏或肾脏等器官，将不会产生明显的排斥现象。

戴维的科学小组曾于2004年将一只基因变异猪的肾脏移植到了一只狒狒的体内，这只狒狒后来活了83天。戴维认为，只有当狒狒接受移植手术后能够存活一年，他们才能进行人体移植实验。这项实验目前仍在进行中。目前看来，人类在这条路上终于迈出了第一步，当然这个科学新闻和最终的临床实践之间还非常遥远，还有很多难题需要克服。

知识链接

猪体内有一种病毒，数百万年来，这种病毒寄生在猪体内，已经成为猪的遗传物质的一部分。虽然这种病毒不使猪患病，但是如果将猪的器官移植到人身上就可能会导致一种全新的疾病的产生。因此，一些科学家坚决反对给人类移植猪的器官。

昆虫食品前景光明

鲁迅曾称赞第一个吃螃蟹的人为勇敢者，因为螃蟹的长相又丑又怪，第一位品尝者的确需要很大的勇气。当今，世界面临着人口迅速增长、粮食不足等问题，这就需要人们去探索新的食物来源，而昆虫世界恰好是供勇敢者开拓的一个广阔领域。

世界上已知的昆虫有100多万种，目前已知可食用的昆虫就达3 650余种。研究发现，几乎每一种可食昆虫都含有丰富的蛋白质，是一个微型营养库。如蜜蜂干体蛋白质含量高达81%，苍蝇为79%，蟋蟀为76%，蝴蝶为71%，白蚁干物质竟有80%是蛋白质和脂肪，其热价比牛肉还高两倍。

食用昆虫，乍听起来，似乎有点吓人，甚至恶心。其实，世界上有很多国家或地区都有以虫为食的习惯。我国是利用、食用昆虫最古老的国家之一，在我国最早记录天子饮食起居情况的《礼记》中，就记载了周天子食用的120种食物，其中就包括蚂蚁、蝉和蜂，可见这三种昆虫在周代就是食中上品。到汉代，皇室喜食蝗虫和天牛幼虫。汉文帝吃天牛幼虫时，是在浸渍以后，拌蜜而食。三国时期，曹植爱吃蝉，常令厨师烹食。以后各代皇室以昆虫为食者，在史籍中，也屡有记载。到了现代，昆虫美食的开发热潮席卷全国，除了传统的昆虫美食外，还卓有成效地开发出许多昆虫保健食品，如用发酵方法加工蚕蛹，生产蚕蛹豆酱、蚕蛹面包。中国婴幼儿营养研究所利用蚕蛹研制成功蚕蛹粉，其蛋白质含量比牛肉高3倍，属于全营养保健食品。黑龙江利用蚕蛾生产蚕蛾酒，畅销海内外。云南、江苏利用蚂蚁作原料研制成功的金刚酒、蚂蚁粉在治疗类风湿和癌症等方面具有独到的效果。

墨西哥是当今世界昆虫食品之乡。在那里，仙人掌虫、黄蜂、蝉、蜻蜓、蝴蝶、小甲虫等50多种昆虫是人们餐桌上的佳肴。最近，墨西哥建立了该国第一个以昆虫为主要原料的食品加工厂。工作人员从农民手中收购蚂蚱、蚯蚓、金龟子、蛆虫和蝴蝶蛹等，然后制成卷饼和零食，并打算把这些昆虫食品推销到偏远的山村，以缓解这些地区居民因贫困导致的长期营养不良。专家认为，一个用菱蝗干粉制成的卷饼，其蛋白质成分为85%，蚯蚓粉制成的饼干中蛋白质成分占52%。这些食品不仅有利于缓解血液黏稠，而且有助于受伤的软组织和肌肉的恢复。此外，研究人员还在原料中添加了柠檬和辣椒等墨西哥人喜爱的调味品，以便让昆虫食品在口味上更易让人接受。

在美国和欧洲等一些发达国家，昆虫也被制成罐头食品，在专门的商店和饭店出售，主要品种有蜜蜂巧克力、蚂蚁巧克力、毛虫巧克力、油炸蚂蚱、糖水蚕和糖水蜜蜂，以及用昆虫制成的蜜饯，味道鲜美，受人青睐。另外，美国生物学家正在研制上千种昆虫提取物，试验治疗艾滋病、癌症及各种慢性病、疑难病和传染病。

吃虫习惯可说已遍及世界，专家断言，21世纪是讲营养和讲保健的世纪，一定会有更多的昆虫食品、药品上市，昆虫在不久的将来必将对人类做出更大的贡献。

学科展望

昆虫的适应性强，世界上每一个角落，都有不同的昆虫生物，而且它们的繁殖能力惊人。一对普通的苍蝇一年能产卵5.5亿个，埃及蝗虫每月平均产卵19.5万个，一只蚁王每天产卵340颗。源源不断的昆虫后代，将为人类提供丰富的食品来源。

斑马鱼的实验之路

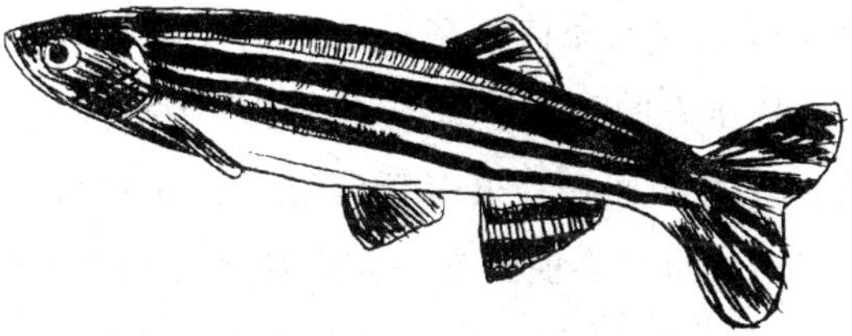

在生命科学、人类医药和健康研究领域，有些实验动物一直是科学家们的宠儿。其中，那些标准化的实验动物被称为模式动物。模式动物中最著名的当属果蝇，而蟾蜍、鸡、线虫和小鼠也在不同的时期成为了模式动物，在人类自然科学探索过程中发挥了巨大作用。近年来，斑马鱼作为一种新的模式动物，越来越被科学家们所重视。

斑马鱼因体侧有像斑马一样纵向的暗蓝与银色相间的条纹而得名，是一种典型的亚热带水观赏鱼类。斑马鱼体长仅 3 厘米，1 升水里可以容纳上百条，饲养起来很容易。此外，斑马鱼很容易鉴别雌雄而且它的胚胎是透明的，人们可以清楚地看到它的内脏、血管和神经的发育变化。正是由于这些特点，斑马鱼引起了美国俄勒冈大学著名遗传学家乔治博士的注意，这位热带鱼爱好者在 20 世纪 70 年代初开始研究斑马鱼的养殖方法，观察其胚胎发育过程。经过近 10 年的研究，乔治博士的研究组于 1981 年发表了第一篇具有深刻影响的论文。在这篇论文中，他们报道了斑马鱼的体外受精等许多新技术，接着，又报道了斑马鱼的卵裂特点，不同时期胚胎中细胞的发育命运等，并发现斑马鱼脑中的许多神经元的排列简单而有规律。另外还有科学家发现，斑马鱼的脑部神经元较为简单和可预测。这些研究成果证明了斑马鱼适合用作模式动物。

现在我们已经知道，斑马鱼的基因与人类基因的相似度达到 87%，这意味着在其身上做药物实验所得到的结果在多数情况下也适用于人体。此外，雌性斑马鱼可产卵 200 枚，胚胎在 24 小时内就可发育成形，这使得生物学家可以在同一代鱼身上进行不同的实验，进而研究病理演化过程并找到病因。

正是通过在斑马鱼身上进行的实验，生物学家发现，包括人类在内的一些脊椎动物之所以产下奇异的双头幼仔是两种基因活动紊乱造成的。令人惊奇的是，这种生活在热带的鱼还能够“再造”被部分切除的器官，从而为从事修复受损脊髓的研究人员打开了方便之门。目前，斑马鱼的使用正逐渐拓展和深入到生命体的多种系统的发育、功能和疾病的研究中，并广泛用于遗传学、肿瘤学、药物学、毒理学等诸多方面。

在药品研发等方面，每年有很多新药进入临床或者临床前阶段，它们是否对人体有害需要进行全面科学的安全评价。“实验新星”斑马鱼再次担当重任，斑马鱼胚胎和幼鱼对有害物质非常敏感，同时用药简单，只需将药物放入养殖胚胎的水中或快速注射，用药量少、测试周期短。而且通常斑马鱼产卵数量大，测试的样本数可以很多，这样一来，可以确保统计学意义上的显著性与数据的可靠性。同时，早期的安全评价还可以评估药物对多种组织器官的伤害程度。因此，可用于测试潜在药物对生物体的毒性评估。此外，科学家们还发现，斑马鱼也是检测水污染程度的优良物种，因为转基因斑马鱼可以根据污染物浓度的变化而发出可看到的荧光。

随着研究的深入，斑马鱼在人类科学史上的地位已不可撼动，这位实验动物中的新星将和那些推动人类进步的科学家们一道永载史册。

知识链接

在生物科学的发展历程中，模式动物发挥了重要的作用。海胆等低等动物模型的出现催生了现代受精生物学、发育生物学；果蝇模型的建立大大推进了遗传学和发育生物学的进展；线虫模型对基础和应用生物学产生了巨大的推动作用。目前，斑马鱼和非洲爪蟾是最常用的两种模式低等脊椎动物。

海绵使用小窍门

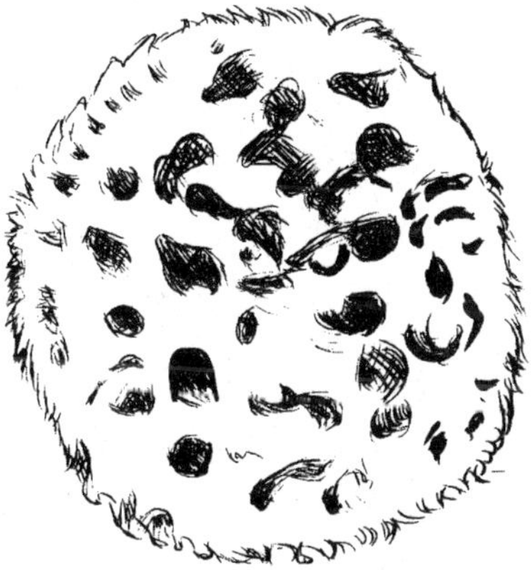

谁都知道，若在沙发上垫衬一块人工制造的海绵，坐上去会感觉格外柔软舒适。但你知道吗？最早的海绵是从海里发现的。由于它柔软得像棉花，因而取名海绵。

生活在海水中的海绵，多数是灰黄色、褐色或黑色的块状物。假如你是第一个从海里发现海绵的人，你能一眼就断定它是动物还是植物吗？估计不大可能。因为若说它是动物，却看不到它有什么器官和很确定的组织，也看不见它会动；若说它是植物，又不具有植物的明显特征。对这个问题科学家们一直争论了2 000多年，直到人们发明了显微镜以后，才看清了它的庐山真面目。那以后，科学家们确认它是动物，并在动物家谱中给它安排了一个合适的位置，叫做海绵动物门。经过仔细研究，人们发现海绵的种类真不少，竟有一万多种，是动物界中的一个庞大家族。

古希腊人、古罗马人和我国古代劳动人民很早就认识和采集海绵动物，特别是浴用海绵，网孔细、弹力强、吸水性好，可以用于洗澡擦身、洗碗等，后来又在工艺、医学和日常生活方面展现了越来越多的广泛用途，如做油漆刷子，用作钢盔的衬垫和其他垫子，烧成灰能治疗脚痛等。

海绵的再生能力特别强，不用说把它撕成小块，就是把不同颜色的海绵放在一起磨碎，用不了多久又会形成许多不同颜色的新海绵。在地中海、红海和美洲沿海等地，人工养殖海绵动物业十分发达，人们将海绵切割成块，用绳系在架上，投入海中，2～3 年就可收获大批海绵了。不过，随着人造海绵业的发展，已经使得海绵动物养殖业日趋衰落。但是随着科学技术的不断发展，人们又发现了海绵动物新的价值。

海绵上的每个小孔都是进水孔，都通到体内一个公用的腔里。腔就像一个瓶子，上端是共同的出口，这是海绵的滤水系统。小孔的壁上是领细胞，细胞有鞭毛，鞭毛一起摆就把水从小孔吸进去，经过公共腔，再由出口排出去。在水下停的流动过程中，水中的微小食物颗粒就被领细胞捕捉住吞噬掉，同时水中的氧气也被吸收。如果在水族箱里养有海绵，在水里滴一滴红墨水或黑墨水，不一会儿就会看到海绵的出水口像海底喷泉一样喷出带色的水流。海绵滤水的效率是很高的，一个 10 厘米高的海绵每天能过滤 22.5 升海水。由于海绵具有降解海水污染物的能力，也展示了其在海洋污染方面的应用价值。近年来，已经有科学家提出“海绵生物技术”的概念。

科学家还发现海绵体内的毒素可以用来制药，治疗肿瘤、心血管和呼吸系统等疾病。目前，海绵是发现海洋活性物质最丰富的海洋生物，已经成为海洋药物开发的重要资源。此外，美国科学家已经确认了一种生长在黑暗的海底深处的海绵体可以产生细细的玻璃纤维，这种纤维能够至少像通信工业使用的光纤电缆一样传输光能。这种天然产生的玻璃纤维还较之人工制造的光纤电缆更有柔韧性。

可以预见，随着科学技术的发展，海绵在海洋药物、海洋生物材料、海洋环境保护中将发挥重大作用。

知识链接

海绵动物门也称多孔动物门，是最原始、最低等的多细胞动物。多孔动物的外形变化很大，除少数种类外，往往没有对称面，在许多方面与低等植物相似，海绵就被称为“海中的花和果实”。

蜘蛛丝有待转化为“生物钢”

在希腊神话里，蜘蛛是一位纺织巧匠的化身。的确，蜘蛛是自然界产丝和用丝的“专家”，它们一生都离不开丝，称得上是一流的纺织家。在普通人看来，恼人的“蜘蛛网”只是“灰尘”，需要“一扫了之”。但在科学家的眼里，柔弱的蛛丝，却和人们的生活密切联系在一起。

人类利用蜘蛛丝始于1909年，在第二次世界大战时蜘蛛丝曾被用作望远镜、枪炮的瞄准系统中光学装置的十字准线。随着研究的深入，人们逐渐了解了蜘蛛丝的组成成分、特性并开始大大拓展其用途。

蜘蛛丝是一种骨蛋白，在体内为液体，排出体外遇到空气立即硬化为丝。如果仔细看，你会发现在蜘蛛网上的蜘蛛，它的身体不容易晃动，就是因为蜘蛛丝中含有一种特殊的分子结构，能使蛛丝富有弹性，很容易克服摆动。蜘蛛在结网时，顺序上是先结直丝，再结横丝。直丝有如整片网的骨架，因此强度高。横丝上附有黏球液体，用以黏住比自己身体还大的昆虫，并抵消昆虫的撞击力。国外的科学家通过实验比较发现，蜘蛛网直丝的弹性度只有30%，而横丝的弹性度高达200%，并且蜘蛛丝可以延伸到原长的10倍，而尼龙一旦延展到原长的20%就会发生断裂。人类想把这些优良的性能集中在同一种纤维上是十分困难的，而蜘蛛却做到了。

科学家们注意到了蜘蛛丝非同一般的性能。近年来，美国、加拿大的科学家已经成功地合作开发出人类有史以来比钢还坚硬四五倍的“生物钢”——“人造基因蜘蛛丝”。他们通过将蜘蛛身上抽取的蜘蛛丝基因植入山羊体内，使山羊奶含有蜘蛛蛋白，然后经过特殊的“纺线程序”，把山羊奶中的蜘蛛丝蛋白纺成“人造基因蜘蛛丝”。研究人员称，这种被他们冠名为“生物钢”的人造蜘蛛丝有蚕丝的质感，有光泽，弹性极强，它比钢铁坚硬却又柔软无比，集坚韧与结实于一身，可被广泛地用来做柔软的防弹衣，以及极不易磨损的衣物等。如果进一步加以开发，未来可能制成有如晾衣绳粗细的高性能人工蜘蛛丝“蜘蛛网”，更可拦截战斗机。研究人员还特别指出，人造基因蜘蛛丝比目前用来制造防弹衣的纤维材料的韧力还要高出两倍，而且这种“生物钢”的生产流程非常环保。制造防弹衣的纤维材料需要在高压下进行，配以有毒的硫酸才能造成；而“生物钢”只需要在正常室温和压力之下，加入水和蛋白质即成。目前，美国、加拿大科学家已打算大量生产这种人造蜘蛛丝。与此同时，他们也在对目前已开发成功的“生物钢”做进一步的科学改进，以达到未来强度更高的产品。

蜘蛛丝纤维优良的性能也引起了医疗卫生行业的注意，由于蜘蛛丝是天然产品，又由蛋白质组成，和人体有良好的相容性，因而可用作高性能的生物材料，用来制造人工筋腱、人工韧带等人工器官。此外，它还可用作眼外科和神经外科手术的特细和超特细生物可降解外科手术缝合线。专家们相信，人造蜘蛛丝将在未来几年内，逐渐在医学领域扮演重要角色。

学科展望

天然蜘蛛丝主要来源于蜘蛛结的网，产量非常低，而且蜘蛛具有同类相食的个性，无法像家蚕一样高密度养殖，所以要从天然蜘蛛中取得蛛丝产量很有限。随着现代生物工程发展，用基因工程手段人工合成蜘蛛丝蛋白是一种新突破，不久有可能形成具有一定规模的人工蜘蛛丝纤维生产厂。